Changement climatique : les savoirs et les possibles

Ouvrages parus aux éditions la ville brûle

dans la collection 360

Le big bang n'est pas une théorie comme les autres
J.-M. Bonnet-Bidaud, F.-X. Désert, D. Leglu, G. Reinisch

sur le même thème

Le climat change... et la société ?, Florence Rudolf (collection engagé-e-s)

Sur les origines de l'effet de serre et du changement climatique (réédition)
S. Arrhenius, T.C. Chamberlin, J. Croll, J. Fourier, C. Pouillet, J. Tyndall

et retrouvez l'ensemble de notre catalogue sur notre site
www.lavillebrule.com

ISBN 978-2-36012-007-9

Changement climatique : les savoirs et les possibles

Jérôme Chappellaz
Olivier Godard
Sylvestre Huet
Hervé Le Treut

la ville brûle

Comment cela s’appelle-t-il
quand le jour se lève, comme aujourd’hui,
et que tout est gâché, que tout est saccagé,
et que l’air pourtant se respire,
et qu’on a tout perdu,
que la ville brûle,
que les innocents s’entretuent,
mais que les coupables agonisent,
dans un coin du jour qui se lève ? […]
Cela s’appelle l’aurore.
Jean Giraudoux, *Électre,* 1937.

Sommaire

AVANT-PROPOS

Une vision humaniste de la médiation des sciences

La collection 360

La médiation des sciences, en tant que diffusion de connaissances, a bénéficié ces dernières décennies de la mobilisation de nombreux scientifiques convaincus, de journalistes scientifiques investis, d'éditeurs toujours plus ouverts et surtout de la révolution Internet qui met à la portée de tous des informations de toute nature et de tout niveau, en particulier scientifiques. Cette mise à disposition d'une pléthore d'informations scientifiques, qu'elles soient déclinées sur un mode encyclopédique, pédagogique ou culturel met en évidence la nécessité de construire de nouvelles médiations : celles qui permettent d'en avoir une lecture guidée, éclairée et critique.

C'est à cela que souhaite modestement contribuer la collection 360, par la prise sur le vif de débats sur la science. Si la science, qui est affaire de savoirs, est une aventure intellectuelle, elle est aussi une aventure humaine, collective et sociale. La collection 360 a pour objectif de montrer comment les questions scientifiques, sous-tendues par des contraintes économiques et politiques, s'inscrivent également dans le champ social. En posant sur ces questions de sciences des regards croisés, l'occasion est donnée aux lecteurs d'accéder à des connaissances souvent réservées aux seuls initiés pour finalement disposer d'une vision plus claire du triptyque homme-science-société. Il s'agit donc ici, en faisant tout simplement un « tour de la question », de donner des clés pour décrypter les questions scientifiques actuelles – qui sont souvent liées aussi aux grands enjeux du XXIe siècle.

Nous avons souhaité nous éloigner du classique monologue écrit pour laisser place au dialogue, à l'oralité délibérée ; le choix d'un ouvrage en forme de conversation sur des sujets de sciences offre une brèche permettant d'entrer dans une dynamique de débats, d'opinions – parfois même de convictions. Les ouvrages de cette collection ne se veulent pas ouvrages de science mais lectures sur les sciences. Ce projet de collection est né de l'opportunité d'un moment et d'une relation de confiance de plusieurs années avec Raphaël Tomas, éditeur avec lequel je partage une vision humaniste de la médiation des savoirs.

Le climat

Après un premier titre consacré à la théorie du big bang, le choix du second sujet de la collection s'est imposé à nous en raison de l'actualité « brûlante » que sous-tend cette thématique et les différents débats qu'elle suscite. La diversité des acteurs du dossier climatique, mêlant scientifiques, économistes, sociologues, politiques, journalistes, ONG et citoyens, entraîne parfois l'irruption de passion et d'irrationalité dans les débats, ce qui peut nuire à la compréhension des faits et des enjeux. L'objectif dans cet ouvrage est de créer un espace de dialogue sincère replaçant chaque type de discussion dans un cadre conceptuel et contextuel permettant au lecteur (1) d'embrasser la richesse et la complexité de la thématique, (2) de se forger une opinion circonstanciée puis (3) d'aller éventuellement plus loin dans la compréhension et l'analyse accompagné(e) des recommandations de lecture des auteurs. Pour réaliser ce « 360 » sur la question climatique, nous avons invité Hervé Le Treut, Jérôme Chappellaz, Olivier Godard et Sylvestre Huet que je remercie ici très chaleureusement de leur investissement, de la sincérité de leurs questionnements et de l'intégrité qui les anime.

Isabelle Joncour
Maître de conférences (astrophysique) et chargée de mission « Médiation des sciences » à l'université Joseph Fourier (Grenoble).
Directrice de la collection 360 pour les éditions la ville brûle.

LES AUTEURS

Jérôme Chappellaz

Directeur de recherche au CNRS, responsable de l'équipe « Climat : passé, présent, projections » au Laboratoire de glaciologie et géophysique de l'environnement de Grenoble (LGGE - UMR 5183 CNRS-UJF).

Je travaille depuis plus de vingt ans sur l'évolution de la composition de l'atmosphère terrestre, m'intéressant plus particulièrement aux gaz à effet de serre. Je prolonge les observations de la période instrumentale jusqu'à plusieurs centaines de milliers d'années en arrière, en profitant d'un miracle naturel : les petites bulles d'air se formant dans la glace polaire renferment un échantillon de l'atmosphère. Mon activité de prédilection consiste à faire parler ces petites bulles. C'est une activité passionnante par ce qu'elle conjugue de science climatique, de science analytique, de technologie, mais aussi d'aventure (la magie des pôles). Elle n'en demeure pas moins de plus en plus responsabilisante. Cherchant simplement à comprendre le fonctionnement de la machinerie climatique au cours des années 1980, sans en percevoir alors réellement les enjeux à long terme, je me suis retrouvé petit à petit happé, comme mes collègues, par cette perspective d'un monde sur lequel l'activité humaine laissera sa trace pour longtemps. Et donc par l'importance du constat scientifique issu de notre communauté scientifique au sens large.
L'observation du passé climatique et environnemental de la planète m'amène un regard particulier sur la tendance récente du climat : de tout temps le climat terrestre a changé, et il changera encore. Progressivement ou brutalement, comme on a pu l'observer dans nos enregistrements. La particularité d'aujourd'hui, c'est l'incroyable rapidité avec laquelle l'homme force l'évolution du système, indépendamment des tendances naturelles. Pas seulement par son impact sur les teneurs en gaz à effet de serre ou en aérosols de l'atmosphère, mais aussi par son occupation des sols. La Terre s'en remettra, la vie au sens large aussi.

De tout temps, le climat terrestre a changé, et il changera encore. La particularité d'aujourd'hui, c'est l'incroyable rapidité avec laquelle l'homme force l'évolution du système, indépendamment des tendances naturelles.

Mais cette évolution rapide et planétaire amène de sérieuses interrogations sur la capacité des sociétés humaines elles-mêmes, bien moins mobiles et bien plus nombreuses qu'au temps de la préhistoire, à s'adapter à ces nouvelles conditions. La tâche de vulgarisation des sciences climatiques pour éclairer le citoyen n'est pas aisée. Le système climatique est formidablement complexe, impliquant physique, chimie, biologie, par des mécanismes allant de l'échelle moléculaire à l'échelle planétaire. Si l'on peut aisément exposer les bases de l'effet de serre, y compris par des analogies populaires comme celle du pull en plus ou en moins, les tentatives d'explication de phénomènes et d'observations plus complexes du climat terrestre se heurtent à plusieurs obstacles: connaissances scientifiques de base du public, vécu de chacun à l'échelle spatio-temporelle météorologique et non à l'échelle climatique, enjeux pas toujours traduisibles en impacts sur la vie de tous les jours, non-acceptation des incertitudes, décalage entre les échelles de temps de l'engrenage climatique et celles de la décision du citoyen ou du politique, et gestion du problème qui passe *in fine* par une remise en question au moins partielle de notre mode de vie occidental, ce qui n'incite pas spontanément l'auditeur ou le lecteur à accepter le constat...

Aujourd'hui, on assiste à une tendance croissante au déni du constat scientifique sur le climat (parfois simplement mû par une idéologie libérale contrariée par la régulation se profilant à l'horizon), ou *a contrario* au militantisme écologique aveugle. La posture du chercheur au milieu de tout cela devient certainement plus complexe. Pour ma part, je ne souhaite pas m'éloigner du métier-premier: continuer à améliorer nos connaissances, réduire les incertitudes, communiquer la science. Même si les enjeux peuvent pousser à l'engagement militant, ce n'est pas le rôle du chercheur. Toutefois on n'échappera pas à une discussion de fond, urgente, sur le lien à entretenir entre scientifiques, journalistes, grand public et décideurs politiques. En filigrane, on retrouvera probablement les notions essentielles d'éducation, de déontologie journalistique, de rigueur scientifique, de gestion du risque, et du rôle joué par différents groupes de pression dans nos sociétés modernes.

Olivier Godard

Économiste, directeur de recherche au CNRS, département Humanités et sciences sociales, École polytechnique.

Ma formation de base s'alimente à la science économique, aux théories des organisations et à la théorie des systèmes. Depuis mes débuts de chercheur professionnel en 1973, je me suis intéressé aux tensions et aux liens à nouer entre la manière de concevoir le développement économique et social et la problématique de la protection de l'environnement naturel. Dans les années 1970, un repère avait été proposé par Maurice Strong et Ignacy Sachs pour désigner ce vers quoi les sociétés contemporaines étaient invitées à tendre, l'écodéveloppement. Il incarnait un pari : il était possible de trouver une voie de conciliation entre l'aspiration au progrès de la satisfaction des besoins économiques de l'humanité et le souci de préserver les grands équilibres écologiques et de maintenir les ressources naturelles par un usage raisonné. Deux voies paraissaient être des impasses : celle de la fuite en avant dans la croissance économique maximale, soutenue par la croyance que, étayée sur le progrès technique, cette croissance pourrait venir à bout de tous les problèmes qui ne seraient que de transition ; celle de la décroissance qui, au-delà des bonnes intentions et d'une certaine mythification des thèmes de l'autonomie et du communautarisme local, laissait en suspens le devenir économique de la plus grande part des hommes et la possibilité de préserver libertés et démocratie dans une société dont l'économie serait devenue un jeu à somme négative.

Aujourd'hui, le développement durable a pris le relais. Avec plus de notoriété sinon plus de succès. La croissance économique a étendu sa sphère d'influence à de nouvelles régions du monde, mais sans s'accompagner des réorientations et transformations structurelles préconisées, conduisant à un accroissement des inégalités à l'intérieur de chaque région, de chaque pays.

Près de quarante années d'observation et de recherche m'ont permis de constater que les avancées ont souvent été suivies de reculades et que les paroles publiques les plus fermes ne trouvaient guère leur confirmation dans l'action.

Des progrès notables ont été faits sur certains aspects comme la pollution industrielle ou l'efficacité énergétique dans les pays développés. L'espérance de vie a fait un bond en avant dans la plupart des régions, sauf en Russie depuis l'effondrement du régime communiste, et dans certains pays d'Afrique, mais les conférences de l'ONU ont pu constater sur un rythme décennal, depuis celle de Stockholm en 1972, la poursuite et même l'accélération du processus de dégradation de l'environnement naturel à l'échelle planétaire. L'aventure du changement climatique, l'érosion rapide de la biodiversité, l'accès à l'eau, l'incertitude alimentaire et l'amorce de la fin de l'ère des hydrocarbures pour l'approvisionnement énergétique s'imposent comme les grandes questions du nouveau siècle.
Près de quarante années d'observation et de recherche dans ce champ m'ont permis de constater que souvent les avancées ont été suivies de reculades et que les paroles publiques les plus fermes ne trouvaient guère leur confirmation dans l'action. L'alternance de séquences d'espoirs et de déceptions a été le lot le plus fréquent, contribuant à la formation d'un pessimisme intellectuel profond : tous les outils de pensée disponibles ne permettaient-ils pas de comprendre pourquoi l'échec adviendrait ? Ainsi, cela fait plus de 25 ans que l'enjeu climatique a été posé et près de 25 ans que le Groupe d'experts intergouvernemental sur l'évolution du climat (GIEC) a été créé. Malgré la convention-cadre de 1992, malgré le protocole de Kyoto, adopté en 1997 mais entré en vigueur en 2005, et malgré toutes les conférences qui se sont égrenées, force est de constater que les émissions de gaz à effet de serre n'ont jamais crû à un rythme aussi rapide et que quinze années précieuses ont été perdues sur le plan de l'action concrète. Après l'insuccès de la réunion de Copenhague de décembre 2009, l'objectif que l'Union européenne proposait à la communauté internationale d'agir de sorte à préserver 50 % de chances que la température moyenne de la planète n'augmente pas plus de 2 °C à long terme est désormais quasiment hors de portée. Comme le disait en 2006 David King, conseiller scientifique de Tony Blair, il faut désormais nous préparer à un monde plus chaud de 4 °C. En d'autres termes, sur cette question décisive, le pari de l'écodéveloppement et du développement durable est en train d'être perdu.

Sur ces quarante années, mon itinéraire de recherche peut se comprendre comme se situant à la confluence tumultueuse d'une démarche cherchant à comprendre cette sorte d'impuissance collective à agir à temps pour prévenir le surgissement futur de catastrophes d'ampleur planétaire et d'une autre visant malgré tout à proposer des outils intellectuels et des instruments d'action permettant de faciliter l'engagement des transitions jugées nécessaires. La théorie des systèmes m'a permis de comprendre et de montrer en quoi la représentation économique du monde était une partie du problème et pas seulement de sa solution, même si son apport est irremplaçable pour concevoir les meilleurs instruments de coordination dans une économie de marché, au service d'objectifs choisis par les instances politiques. Le champ de l'environnement, du point de vue de l'action collective, m'est apparu inéluctablement marqué par l'incertitude, installant des « univers controversés » dans lesquels controverses scientifiques et controverses sociales s'alimentent réciproquement en mettant à l'épreuve à la fois la fiabilité de la représentation scientifique du monde et la légitimité de la représentation politique des citoyens et en voyant les acteurs de ces deux mondes interférer directement.

Principe de précaution et attitudes vis-à-vis de l'incertain, taxes carbone et marchés de permis d'émission de rejets polluants, négociations internationales et souveraineté, pluralisme des justifications et légitimité, conceptions de la justice et rapports intergénérationnels, contestabilité économique et sociale et responsabilité sociale des entreprises, organisation de l'expertise scientifique des risques et débat public, tels ont été les sujets d'investigation qui ont peuplé mon quotidien de chercheur afin de donner concepts et corps au développement durable. C'est avec ces points d'entrée que je me suis intéressé aux rapports entre la science du climat et l'action collective et que j'ai cherché aussi bien à discerner les rôles sociaux tenus par l'expertise scientifique en ce domaine qu'à révéler les enjeux normatifs et moraux des approches de modélisation comme les modèles d'évaluation intégrée (IAMs).

Sylvestre Huet

Journaliste à *Libération*, spécialisé en sciences.

Journaliste depuis 1983 et spécialisé dans le domaine de l'information scientifique depuis 1986, j'ai été assez vite confronté au thème du climat et de son évolution future. Même si ce thème n'a jamais constitué à lui seul une part majoritaire de ma production journalistique, il a pris une importance croissante à partir du milieu des années 1990. J'ai donc été conduit à multiplier les enquêtes auprès des scientifiques concernés, à me familiariser avec leurs méthodes, leurs questions et leurs résultats. Cela s'est concrétisé par l'écriture de nombreux articles, en particulier pour le quotidien *Libération* (plus de 200 articles depuis 1995), à l'écriture d'un livre publié en novembre 2000 (*Quel climat pour demain ?*, Calmann-Levy) et à participer à la conception d'une exposition (Climax) à la Cité des sciences et de l'industrie (Paris).

Mon traitement du sujet a évolué au rythme des résultats scientifiques. Si l'on cherche un point de rupture dans une trajectoire, le moment où mon opinion personnelle a clairement basculé en faveur d'une alerte à transmettre à la société et non seulement d'un suivi un peu froid de résultats scientifiques, il se situe autour de l'année 2001. Qu'il s'agisse de l'année de publication du troisième rapport du Groupe d'experts intergouvernemental sur l'évolution du climat (GIEC) n'est bien sûr pas une coïncidence. En revanche le volume de ce traitement est loin de dépendre de la seule volonté du journaliste et a suivi le rythme des préoccupations sociales et politiques, traduites par la place que les médias, dont *Libération*, y accordent. Ainsi, les réunions et publications du GIEC sont des occasions de publications d'articles en rafale, mais aussi les polémiques soulevées par la question climatique.

Le discours scientifique sur le changement climatique est très loin d'être le seul, ni même de dominer la scène. (...) Pour cette raison, le débat scientifique se conduit sous une pression formidable.

Le dossier climatique, en raison de ses conséquences gigantesques (politiques, industrielles, économiques, sociales), a donné et continue de donner l'occasion d'un vigoureux jeu d'acteurs politiques et médiatiques. Le discours scientifique est très loin d'être le seul, ni même de dominer la scène. Gouvernements, ONG, partis politiques, firmes industrielles ou agricoles, médias, mais aussi organismes techniques et scientifiques... tous l'utilisent avec plus ou moins de force dans le cadre de stratégies de pouvoir, de conquêtes de marchés, d'ambitions industrielles, d'affirmations idéologiques globales, de compétitions électorales. Du coup, le débat scientifique inhérent à toute recherche se conduit sous une pression formidable, qui est loin de se limiter aux sciences sociales, humaines, économiques et juridiques concernées par le dossier climatique. Même les sciences de la nature sont entraînées dans cet affrontement, auxquels des scientifiques – qu'ils soient ou non réellement impliqués dans les recherches climatiques – participent en poursuivant des objectifs divers. Le travail journalistique en est d'autant plus compliqué... mais intéressant. Et les journalistes spécialisés en sciences se retrouvent parfois confrontés à des situations très dures, comparables à celles que rencontrent de manière permanente ceux qui suivent la vie politique.

Hervé Le Treut

Directeur de recherche au CNRS, directeur de l'Institut Pierre Simon Laplace (Laboratoire de météorologie dynamique), membre de l'Académie des sciences, il a contribué aux rapports du Groupe d'experts intergouvernemental sur l'évolution du climat (GIEC).

Je suis devenu modélisateur du climat en 1978, alors que j'étais élève à l'École normale supérieure (ENS), où j'ai d'abord étudié la physique. J'ai toujours été attiré par les sciences de la Terre et j'ai eu la chance de découvrir à l'ENS le Laboratoire de météorologie dynamique (LMD) où j'ai fait l'essentiel de ma carrière – laboratoire fondé par Pierre Morel et dirigé à l'époque par André Berroir. J'y ai rejoint une équipe destinée à l'étude du climat, créée par Robert Sadourny et Katia Laval.
En tant que scientifique, j'ai d'abord été fasciné par une science bien plus ancienne qu'on ne le dit (elle trouve ses racines au XIXe siècle) mais qui était en plein renouvellement sous l'effet de techniques nouvelles : les supercalculateurs et les satellites. Cette science est par essence interdisciplinaire.
J'ai commencé à m'intéresser aux nuages, et j'ai pu le faire à la fois comme modélisateur, au travers de participation à des projets spatiaux, et aussi un temps dans le cadre d'un centre de prévision météorologique, le Centre européen de prévisions météorologiques à moyen terme (CEPMMT), à Reading, en Angleterre.
Mais le système climatique ne se limite pas à l'atmosphère, et j'ai eu le plaisir de m'intéresser aussi à la dynamique des glaciers et aux climats anciens, à l'océan, partenaire de l'atmosphère au sein des modèles climatiques modernes, au cycle du carbone et à la biologie océanique.
Cette sollicitation permanente de la curiosité par une discipline scientifique au spectre aussi large se couple facilement avec l'enseignement. Bien que chercheur CNRS (je suis maintenant détaché comme professeur à l'université Pierre et

Le travail sur le rôle climatique des gaz à effet de serre m'a amené à m'impliquer dans une démarche d'alerte vis-à-vis des changements possibles du climat – dans le respect le plus strict possible de ma compétence de scientifique.

Marie Curie), j'ai toutefois constamment enseigné , en particulier à l'École polytechnique où je fais partie depuis 1991 du département de mécanique (mécanique des fluides géophysiques dans mon cas) comme maître de conférences puis professeur. J'ai aussi enseigné de manière plus ponctuelle à l'ENS, à l'École nationale supérieure de techniques avancées (ENSTA), à l'École nationale des ponts et chaussées (ENPC), aux Mines… Depuis plus d'une dizaine d'années cette expérience se combine avec une activité de vulgarisation de la connaissance scientifique, sous forme de conférences, ou de livres – *Nouveau climat sur la Terre : comprendre, prévoir, réagir,* paru en 2009 chez Flammarion, est le premier que j'ai écrit seul, et constitue une prolongation très directe de mon travail d'enseignant.

Nos disciplines sont aussi des disciplines ou le travail est collectif, et j'ai progressivement pris des responsabilités qui ont changé la nature de mon travail scientifique, que ce soit au niveau national (direction du Laboratoire de météorologie dynamique, puis direction de l'Institut Pierre Simon Laplace), ou au niveau international (membre du Conseil scientifique joint du Programme mondial de recherches sur le climat). Je suis aussi membre de l'Académie des sciences.

Le problème des émissions des gaz à effet de serre a progressivement donnée à mon activité scientifique une importance « sociétale » qui en était complètement absente au début. J'ai commencé à m'intéresser à ce problème en 1986, avec Laurent Li, et nous l'avons abordé en essayant d'étudier de manière aussi précise que possible certaines des rétroactions qui affectent de manière complexe la réponse du système climatique à l'augmentation de l'effet de serre : rôle de la vapeur d'eau, des nuages, couplage avec l'océan, modifications du cycle du carbone. Ce travail m'a amené à contribuer aux différents rapports du GIEC et à m'impliquer dans une démarche d'alerte vis-à-vis des changements possibles du climat – dans le respect le plus strict possible de ma compétence de scientifique.

LE DÉBAT SCIENTIFIQUE

Deux ou trois choses à savoir sur les sciences du climat

Climatologie *versus* météorologie[1]

Isabelle : Pour commencer, il serait sans doute utile de redéfinir les notions de climatologie et de météorologie. On entend souvent dire : « Tu as vu comme il a fait froid cet hiver… il est où le réchauffement climatique ? » Peut-être que quelques précisions s'imposent…

Sylvestre : C'est vrai que tout le monde – le grand public, les hommes politiques… – pense pouvoir avoir une opinion sur la question du climat. Or malheureusement, c'est d'abord une question savante, sur laquelle, en général, les gens commettent des erreurs. D'une part parce que l'expérience personnelle que l'on a du temps qu'il fait, fondée sur ses souvenirs, est extrêmement locale et d'autre part parce que les souvenirs sont toujours trompeurs. Il suffit de comparer les séries météorologiques, qui sont des données objectives – relevés de pressions, de températures, de précipitations, de fréquences… –, aux souvenirs des gens, qui sont des données hautement subjectives : il n'y a jamais coïncidence. Ceux qui ont fait un peu de sociologie de perception du climat le savent, il y a toujours une discordance extraordinaire entre le souvenir des gens, y compris le souvenir collectif, et la réalité de l'histoire du temps.

Jérôme : Et tu peux ajouter à cela quelque chose d'important, c'est l'ampleur de ce que l'on regarde. Dans la vie de tous les jours, nous pouvons tous expérimenter des différences de température de 10 °C à 15 °C, par exemple entre le jour et la nuit, et la différence de température entre l'été et l'hiver peut atteindre 30 °C à nos latitudes. Mais lorsque l'on parle du réchauffement climatique actuel, on parle d'un réchauffement de l'ordre de 0,8 °C par rapport à la température moyenne du globe du début du XXe siècle : c'est donc un signal impalpable au quotidien.

1. Hervé Le Treut n'ayant pas assisté à l'ensemble de la discussion, il n'intervient pas lors de certains points du débat (NdÉ).

Sylvestre : C'est vrai, et la première leçon que l'on peut en tirer, c'est que malheureusement, le grand public et *in fine* les décideurs politiques ne peuvent pas percevoir de manière évidente et immédiate la problématique du climat par leur expérience personnelle de la vie. Pour qu'il y ait une prise en compte de la question climatique, il faut que la connaissance savante – compliquée et imparfaite (des incertitudes importantes portent sur le passé, le présent et le futur) – « percole » dans la société, à la fois au niveau du monde de la décision (économique et politique) et au niveau de la société tout entière, puisque les questions en cause supposent des décisions économiques qui, loin de porter sur les marges du système économique, sont réellement majeures. Or nous vivons en démocratie et il est bien sûr un peu compliqué d'imaginer que l'on va prendre de telles décisions contre l'assentiment de la majorité des citoyens. Le problème de la percolation des savoirs dans l'ensemble de la société est un élément central du dossier « climat ».

Quant à la différence entre la météo et le climat, il y a la réponse très simple que le climat est une moyenne calculée sur une longue durée (au minimum 30 ans), selon la définition de l'Organisation météorologique mondiale (OMM) ; alors que la météo, c'est ce que l'on voit sur le pas de sa porte, au jour le jour. Or, comme le problème qui est posé est celui de l'évolution des grandes tendances climatiques, il n'y a pas nécessairement de concordance entre les deux, et de manière générale il n'y a en effet pas concordance.

Je prends un exemple très visible pour les Français : ces dernières années, il y a eu des saisons plus ou moins marquées, par exemple les hivers 2008 et 2009 ont été plus frais que la moyenne climatique calculée sur les années 1960-1990, et tout le monde s'en est rendu compte. En revanche, très peu de personnes se sont rendues compte qu'en 2009, alors que l'hiver était plus frais que la moyenne, la température moyenne annuelle en France a été nettement supérieure à la moyenne. Ce que les gens retiennent, c'est uniquement que l'hiver a été plus froid que la moyenne. Personne n'est capable de dire si une année a été plus chaude ou non que la moyenne... seuls les « savants » – météorologues et climatologues – le savent.

Jérôme : Le point que tu soulèves ici en engendre immédiatement un autre, que l'on pourrait résumer ainsi : « Et alors ? » L'année 2009 a été un petit peu plus chaude que la normale, et alors ? En quoi est-ce un enjeu ? Qu'est-ce que cela a changé dans notre vie de tous les jours ? Et en quoi devrait-on se préoccuper d'un réchauffement climatique au terme du XXIe siècle ? Là encore, on tombe sur la question de l'ampleur et de la réponse locale. Ce n'est pas nécessairement en France que l'on va rencontrer de gros problèmes à l'horizon du XXIe siècle. Mais les problèmes nous atteindront par ricochets : par exemple la montée du niveau des mers ou la diminution des ressources en eau entraînera des problèmes dans d'autres régions du monde et donc des migrations de populations dont il faudra bien s'occuper en termes de gestion géopolitique internationale. S'il est difficile de convaincre les Français que le climat de la France à l'horizon du XXIe siècle est un véritable enjeu, c'est aussi parce que ce n'est pas pour l'essentiel un problème de climat ingérable que va rencontrer la France !

Olivier : Je suis d'accord avec le point de départ. Avec le climat on a affaire à une variable qui ne peut pas être perçue directement par tout un chacun ; autrement dit, chacun a une perception directe tellement parcellaire qu'elle en devient complètement trompeuse comme indice d'une réalité planétaire. On a forcément affaire à une perception médiatisée par la construction scientifique et sociale – médiatique, administrative et politique – et pas seulement scientifique. C'est d'ailleurs pour cela que l'on a des problèmes. Car l'adhésion des citoyens à la question suppose qu'ils aient confiance dans les différentes instances médiatrices qui assurent cette percolation : les scientifiques, les journalistes et les médias, les ONG, les politiques et le personnel chargé de la traduction administrative. Or la France contemporaine est devenue une société de défiance sur un peu tous les sujets – je pense à la grippe A, aux OGM, à la manière dont le débat sur le nucléaire est mené, etc. Cette défiance latente est prête à se réveiller à chaque petit événement ou prise de position, ce qui rend très difficile l'amorce d'un grand virage ordonné et calme de la société vers un monde durable.

Isabelle : Mais cette défiance générale ne s'observe pas seulement en France.

Jérôme : C'est exact, les gens sont encore plus défiants aux États-Unis.

Olivier : Oui mais pour d'autres raisons qu'en France, dont l'histoire récente a été marquée par plusieurs catastrophes ou crises sanitaires : amiante, sang contaminé, vache folle. Aux États-Unis, la défiance est en particulier liée au décalage fou entre les croyances populaires et la représentation scientifique du monde. La proportion de la population adhérant aux thèses créationnistes est très élevée, autour de 50 % de la population, de même que le nombre de gens qui croient que ce sont les astres qui déterminent les épisodes quotidiens de la vie de chacun. Donc, quand les croyances d'une population sont à ce point éloignées de l'approche scientifique, il est évident qu'un enjeu, repéré et caractérisé par les scientifiques, ne peut pas aisément percoler. À cela s'ajoute une structuration des intérêts économiques fortement attachés aux énergies fossiles (pétrole, charbon) et un fonctionnement de la démocratie qui donnent une place très importante aux lobbys et à l'argent.

Par ailleurs, concernant la différence entre météo et climat, on ne souligne pas assez que le climat est un concept de l'après-coup, qui relève du regard rétrospectif : ce n'est qu'avec plusieurs décennies de recul que l'on peut identifier un changement de climat, compte tenu de l'ampleur de la variabilité naturelle. Cela rend problématique l'adhésion à des approches prédictives. D'autant plus que nous sommes confrontés à un objet qui est « complexe ». Ce thème de la « complexité » est aisément exploité par tous ceux qui ont des visées idéologiques ou politiques ou encore des marottes, comme Henri Atlan avec la sous-détermination des modèles par les données d'observation. De façon opportuniste et bien mal ajustée, c'est aujourd'hui le cas de certains des climato-sceptiques les plus en vue en France (Allègre, Rittaud, Galam…) : « C'est trop complexe, vous ne pouvez rien dire » est un de leurs leitmotivs. Si on les prenait au mot, il faudrait également les inviter à se taire car si on ne peut rien affirmer sur le devenir climatique, on ne peut pas non plus écarter l'éventualité de ruptures climatiques brutales et réellement catastrophiques associées, par exemple à des augmentations de température moyenne de la basse atmosphère de plus de 11 °C. La complexité, qui peut devenir un alibi, est quand même un vrai problème. Car derrière ce terme de « complexité », se profilent les modèles de la théorie du chaos (des systèmes déterministes très dépendants des conditions initiales), dont on ne peut pas dire ce qu'ils vont devenir : on peut uniquement dire que cela risque d'être chaotique, avec des attracteurs possibles assez variés. Ils engendrent un type d'incertitude ruinant toute prétention à « prédire » ce qui va se passer. Si la transformation du climat relève de ce type de complexité-là, on comprend bien pourquoi certains peuvent dire que l'on ne peut pas « prévoir » le climat, alors que la météo est à peine fiable sur deux semaines... Il est donc important de situer la portée de ce thème de la complexité en fonction des échelles spatio-temporelles auxquelles on considère les phénomènes climatiques, car l'équilibre entre déterminisme prédictible et déterminisme chaotique n'y est pas le même.

La climatologie est-elle une science prédictive ?

Sylvestre : Certains climato-sceptiques disent souvent que l'on ne peut pas prévoir le climat à 100 ans puisque l'on ne peut pas prévoir le temps à plus de quelques jours, et que l'on ne peut pas faire non plus de la prévision de la saison. Ce serait bien d'expliquer l'emboîtement de ces trois différents temps de la prévision, et les rapports entre les modèles et la science qui sont utilisés dans ces trois cas.

Hervé : C'est vrai que le métier de climatologue consiste principalement à séparer l'ordre du chaos, et cette distinction dépend des échelles de temps auxquelles on se place. L'échelle purement déterministe est limitée à 10 jours environ pour l'atmosphère. C'est un chiffre estimé par Edward Lorenz[1] en conséquence de sa publication exceptionnellement novatrice de 1963, à laquelle on fait toujours référence en parlant du rôle des battements d'ailes de papillon. Cette valeur approximative de 10 jours tient toujours la route, même si ce n'est pas une valeur absolue.

1. Mathématicien et météorologue américain, père de la théorie du chaos et du célèbre effet papillon : E. N Lorenz, « Deterministic Nonperiodic Flow », *Journal of the Atmospheric Sciences*, 1963; 20: 130-141.

L'échéance des prévisions du Centre européen de prévision météorologique à moyen terme (le CEPMMT, à Reading en Angleterre) est accordée sur ce chiffre de 10 jours. Au début des années 1980, seuls les 2-3 premiers jours de prévision contenaient une information vraiment utilisable ; maintenant, on prévoit de manière très fiable l'écoulement atmosphérique à 5-6 jours, même s'il reste difficile de toujours bien prévoir à cette échéance des quantités comme les nuages ou la pluie. Mais, à cette courte échelle de temps, on est dans le domaine déterministe : on observe du mieux que l'on peut, à l'aide des satellites notamment, le temps qu'il fait à un moment donné, et on peut dans une large mesure prévoir le temps des cinq jours suivants.

Au-delà de quelques jours, l'atmosphère n'est donc plus prévisible de manière exacte, mais on peut estimer sous forme statistique sa réponse à une autre composante du système climatique, qui, elle, est éventuellement prévisible. À l'échelle de quelques semaines ou quelques mois, on peut ainsi s'appuyer sur l'océan – peut-être aussi sur l'hydrologie des régions continentales, cela reste un sujet de recherche. Les océans circulent et évoluent beaucoup plus lentement que l'atmosphère. Une anomalie de température de l'océan a souvent une persistance de plusieurs semaines, et on peut exploiter ces comportements organisés et prévisibles sur une plus longue période que ceux de l'atmosphère. On fait ainsi maintenant de manière opérationnelle des prévisions des températures de l'océan à l'échelle du mois. Ces prévisions conservent souvent une signification à l'échelle de quelques mois, par exemple dans le cadre d'événements organisés comme El Niño. À ces températures océaniques, on peut associer des prévisions statistiques de l'évolution atmosphérique : par exemple un événement El Niño (des eaux chaudes dans le Pacifique Est) est souvent associé à de faibles pluies de mousson sur l'Inde (ce que montrent à la fois les observations et les modèles). Toutes ces prévisions se font maintenant au travers de modèles qui couplent l'atmosphère et l'océan, les regardent comme un seul milieu complexe. Elles mettent en jeu une technologie d'observation de l'océan très lourde, qui s'ajoute à toutes les mesures météorologiques : bouées ancrées ou dérivantes pour observer les courants, la salinité ou les températures. Beaucoup de centres investissent

dans cette « prévision étendue », mal connue en France, car c'est l'une des régions du monde où la prévision est la plus difficile.
Ce que l'on fait au niveau du climat à plus long terme est un petit peu différent, même si on teste encore la réponse du système climatique à des éléments prévisibles : par exemple l'augmentation des gaz à effet de serre dans l'atmosphère, que l'on sait inéluctable, puisque le temps de stockage de ces gaz dans l'atmosphère est très long (la moitié du CO_2 émis dans l'atmosphère à un moment donné est encore présent 100 ans après, et c'est grâce à cet effet « mémoire » considérable que l'on peut dire quelque chose du futur). À l'échelle de quelques années ou décennies, ni l'atmosphère ni l'océan ne sont prévisibles, et la question que l'on peut se poser c'est pourquoi leurs circulations ne sont-elles pas, malgré cela, complètement désorganisées ? Pourquoi observe-t-on qu'elles sont structurées, avec des régimes de vents ou de courants bien déterminés ? Les gens qui parlent de sous-détermination des équations devraient proposer aussi une explication à l'existence des climats bien organisés avec des zones climatiques bien marquées sur Terre. En fait, toute cette structuration est due à un certain nombre de contraintes. Les circulations atmosphériques et océaniques doivent par exemple transporter de l'énergie depuis les régions équatoriales vers les régions polaires déficitaires. Elles doivent aussi transporter du « moment cinétique » depuis les régions équatoriales où la vitesse de rotation de la surface de la Terre est maximale, vers les régions de moyennes latitudes où la vitesse de rotation est plus faible. Il n'y a pas tant de manière que cela de satisfaire à toutes ces contraintes et c'est ce qui explique que nous soyons dans un monde « organisé » où les déserts ne sont pas localisés au hasard. Si l'on perturbe le bilan énergétique, on pertube cette organisation. Et ça, c'est un exercice que l'on sait faire et contrôler, au moins en partie, parce que l'on connaît toute une gamme de climats assez différents du nôtre : par exemple, on sait décrire le climat du dernier maximum glaciaire (il y a 21 000 ans environ), on sait décrire l'optimum climatique d'il y a 10 000 ans, on sait décrire le moment entre 6 000 et 9 000 ans où le Sahara était vert. Plus près de nous, il y a le changement entre l'été et

l'hiver: même si on ne sait pas prévoir dans le détail ce qui va se passer au niveau atmosphérique ou océanique, on sait quand même faire la différence entre un été et un hiver, et simuler cette différence. Toutes ces lois qui contraignent le climat, on sait les exploiter pour regarder des climats différents et la manière dont ils peuvent changer. On peut donc bien faire des théories et les vérifier, contrairement à ce que dit le physicien épistémologiste Serge Galam[1].

De ce point de vue, il me paraît difficile de contester que la climatologie est une « vraie » science. Les modélisateurs se sont donnés des règles précises. La première de ces règles est que lorsque l'on définit des équations (fondamentales ou paramétrées), on s'assure que l'on gardera la même formulation pour l'ensemble du globe et aussi pour l'ensemble des climats que l'on va étudier : on ne change pas la formulation du modèle parce que l'on a envie d'avoir un peu plus de nuages aux pôles et un peu moins à l'équateur. On a un jeu d'équations unique (c'est une forme de théorie complexe, dont l'énoncé est complexe, mais qui a tous les caractères d'une théorie), à partir duquel on veut rendre compte de la diversité des climats actuels à l'échelle de la planète, de leur variabilité naturelle, et aussi de la diversité des climats que l'on a pu avoir dans le passé. C'est cela qui donne ensuite une pertinence pour évoquer le rôle que pourrait avoir dans le futur l'augmentation des gaz à effet de serre. Donc il y a des règles du jeu très précises qui s'appliquent à la vérification des modèles et, sans être à l'aise avec les définitions philosophiques, je suis persuadé que l'on est bien dans le cadre d'une science « réfutable ». En particulier, les données qui servent en entrée des modèles (c'est-à-dire à définir les jeux d'équations utilisés) sont différentes de celles qui servent à les vérifier.

Jérôme : On peut également faire une analogie un peu triviale : si on lâche une pierre du haut d'une montagne, la météorologie nous dit que l'on ne pourra pas calculer la trajectoire avec beaucoup de précision tout au long de sa descente, que peut-être à un moment elle va rebondir sur un arbre... mais la climatologie nous dit qu'elle va descendre !

1. S. Galam, *Les scientifiques ont perdu le Nord*, Plon, 2008.

Isabelle : Je comprends bien les conséquences induites par la loi de conservation de l'énergie : l'ajout de gaz à effet de serre contribue à ajouter de l'énergie dans l'atmosphère et donc la Terre doit se réchauffer pour atteindre un nouvel équilibre radiatif, mais j'ai plus de mal à imaginer les conséquences dues à la loi de conservation du moment cinétique. Peux-tu préciser les choses ?

Hervé : En fait, si la Terre reçoit un surplus d'énergie, elle va être obligée de le redistribuer pour s'en débarrasser. Ce mouvement de redistribution implique des mouvements de l'air (ou de l'eau) qui ne sont pas quelconques, ils sont soumis à d'autres lois de conservation, liées cette fois à la dynamique complexe d'un fluide en rotation. Le climat à la surface de la Terre est donc le résultat d'un ensemble de mouvements atmosphériques et océaniques qui doivent satisfaire à des contraintes assez nombreuses. Je sais que certains mathématiciens essaient de caractériser l'existence et l'unicité de la solution d'un tel problème, sans pour l'instant y arriver. Le mélange de théories partielles et d'expériences numériques que nous avons fait tend à indiquer que le comportement moyen de l'atmosphère correspond à une solution presque unique pouvant satisfaire toutes ces contraintes. On peut partir d'une atmosphère isotherme, sans mouvement, prescrire des conditions d'ensoleillement réalistes, faire tourner la Terre…, et progressivement nos modèles, à partir de rien d'autre qu'un ensemble de lois physiques, construisent un climat, toujours fluctuant comme le climat réel, mais statistiquement semblable au climat réel.

Isabelle : Effectivement, ce tableau est loin de dépeindre une science spéculative…

Hervé : On parlait des traditions scientifiques, il y a des sciences de l'observation qui ne se sont jamais rapprochées des sciences de la « prédiction ». Pendant longtemps et encore dans beaucoup de cas, on est resté dans l'approche suivante : j'observe (une image satellite, un relevé de température, la nature d'une roche), si j'ai assez d'observations je fais une carte, j'essaye d'interpréter, de reconstituer un climat, mais je ne me projette jamais. Et je me suis rendu compte que l'idée même qu'il y ait un caractère prédictif dans les sciences est quelque chose qui est refusé très fortement par beaucoup de gens. C'est une idée qui n'est pas naturelle du tout.

Isabelle : Mais qui remet en cause cette idée de prédiction scientifique, pas les scientifiques tout de même ?

Hervé : *A priori* non bien sûr, cela concerne surtout une partie du grand public et des médias pour qui n'existe que ce qui est déjà présent. Mais malgré tout, il y a une vraie complexité dans nos disciplines, et nous-mêmes, il y a vingt ans, nous n'étions pas très sûr de ce que les modèles parviendraient à simuler ou non. Et il reste encore des incertitudes. Il y a donc un vrai scepticisme concernant notre capacité à anticiper l'évolution du changement climatique, qui se manifeste plus fortement dans des communautés scientifiques liées à l'observation, aux aspects « de terrain » de nos disciplines. C'est vrai que les « climatologues » ou les physiciens du climat (il faut faire attention car le mot « climatologue » renvoie à des communautés très différentes, par exemple en géographie) ont parfois eu une manière un peu rapide de décrire les conséquences de leurs scénarios – scénarios qui restent imprécis à l'échelle locale, qui est pourtant l'échelle de référence de beaucoup de scientifiques de terrain qui en connaissent bien la complexité. Toutes ces incompréhensions ont renforcé la difficulté à appréhender le caractère prédictif réel des lois de la physique pour nos disciplines, induisant un refus souvent un peu instinctif de se projeter dans le temps. La question : «Est-ce que vous croyez au changement climatique ? » – qui nous est inlassablement posée – ignore le futur ! Nous sommes en 2010, et on nous dit en quelque sorte : « Ne vous préoccupez pas de ce qui va se passer en 2030 ou 2050, dites-nous si vous croyez au caractère anthropique du changement climatique aujourd'hui. » Il y a une volonté d'ignorer le futur qui est très forte.

Isabelle : Et pourquoi dis-tu que cette idée de prédiction scientifique n'est « pas naturelle » ?

Hervé : Je pense que c'est parce que l'on confond une prédiction scientifique qui, quelles que soient ses limites (on parle d'ailleurs plutôt de « scénarios », car il y a une grande inconnue, c'est ce que feront les sociétés humaines), est réellement basée sur des lois physiques – c'est ce que l'on essaie de faire en climatologie – et puis toutes sortes d'outils de prévision qui se contentent d'extrapoler des évolutions observées sur la base d'un certain empirisme. Dans le domaine public, on habille sous le même nom de « modèle » ou de « prédiction », des choses qui ont un statut intellectuel extrêmement différent. Pour prendre un exemple : imaginez deux personnes au bord d'une plage qui regardent les vagues aller et venir et cherchent à savoir si la mer monte : si l'une connaît et sait utiliser les lois qui régissent les marées, et l'autre pas, la première aura un avantage. Le modèle, l'outil conceptuel de chacune d'elles, n'est pas du tout le même.

Isabelle : Pourtant les modèles ont toujours été un point fort de la science, le fait de pouvoir prévoir le mouvement des planètes…

Olivier : Oui, mais c'était une science déterministe.

Sylvestre : J'ai une expérience de journaliste très précise sur ce point, y compris des discussions avec le Prix Nobel de chimie Ilya Prigogine[1] sur ce sujet : quand Claude Allègre[2] parle de la théorie du chaos de Lorenz, il ne retient que la première partie de la théorie, autrement dit l'idée qu'il y a une limite à la prévisibilité ou à la prédictabilité de tel ou tel phénomène, par exemple la mécanique céleste. Mais finalement, me disait Prigogine, le plus intéressant dans l'affaire ce n'est pas ça, puisque c'est connu depuis les travaux de Henri Poincaré, à la fin du XIXe siècle. Le plus intéressant c'est que la découverte, par le calcul, des bornes temporelles de la prévision permet de savoir juqu'à quand cette dernière reste possible et opératoire. Jacques Laskar[3] a publié en 2009 un article célèbre sur la possibilité d'un choc entre la Terre, Vénus et Mars : au-delà de 1,5 milliard d'années, il y a un risque de 1% qu'une telle collision se produise, mais avant ce laps de temps la collision est exclue. Finalement, c'est presque plus rassurant que de savoir (depuis les travaux de Poincaré) que le déterminisme laplacien est faux. Et la question qui se pose n'est plus de savoir si l'on pourrait

1. Interview dans *Science & Avenir* de mars 1993, « Le chaos contre l'éternité ».
2. Géophysicien de l'Institut de physique du globe de Paris (IPGP), membre de l'Académie des sciences, figure médiatique du climato-scepticisme en France.
3. *Libération*, 12 juin 2009, Laskar et Gastineau, *Nature*, 11 juin 2009.

revenir à l'illusion d'avant – l'idée qu'une connaissance parfaite des conditions intiales et des lois permet une prévision à l'infini de l'évolution d'un système – mais jusqu'à quand le phénomène est tout de même prévisible.

Isabelle : D'accord, on ne peut pas prévoir la trajectoire à l'infini, mais on peut quand même déterminer des attracteurs, déterminer des zones de probabilité de présence...

Sylvestre : Oui, et c'est bien ce que je dis, c'est cette partie du raisonnement qui est systématiquement niée – ou non dite – par Allègre quand il parle de la théorie de Lorenz, parce qu'il veut dénier toute capacité de prévision à la climatologie.

L'observation du changement climatique

Des proxies à toute épreuve ?

Isabelle : Si l'on se base sur les observations, les faits, la réalité du terrain, est-il indéniable qu'un changement climatique est en marche et même qu'il s'accélère sous l'effet des activités humaines depuis quelques décennies ? Peut-être pourrait-on rappeler quels sont les différents types d'observation démontrant ce changement climatique et les différents outils utilisés pour étudier le climat ?

Jérôme : Il y a bien entendu les températures directement mesurées, puisque le thermomètre a été inventé il n'y a pas si longtemps que ça (fin du XVIe siècle). En termes de données d'observations directes, outre les mesures au sol des températures, on dispose des mesures de précipitations, du niveau des mers ou encore de l'enneigement, mais aussi des données acquises par satellite depuis une trentaine d'années, qui ont l'énorme avantage de fournir une couverture quasiment globale.

En plus de ces mesures directes, on dispose aussi des archives historiques, et notamment en France des travaux d'Emmanuel Le Roy Ladurie[1], qui consistent à reprendre les dates des vendanges et des observations accumulées dans des registres depuis plusieurs siècles ; ensuite on a des méthodes qui s'appuient sur des « proxies », comme on les appelle dans notre jargon, c'est-à-dire des mesures indirectes d'un signal climatique remontant dans le passé : on mesure un signal dans une archive sédimentaire (par exemple la composition isotopique du carbone d'une coquille calcaire fossilisée), que l'on va pouvoir relier à un paramètre climatique (précipitations, température, insolation, etc.). Il faut tout d'abord calibrer le proxy, c'est-à-dire l'étudier sur la période instrumentale, déterminer à quel paramètre ou combinaison de paramètres il répond, aboutir autant que possible à une loi qui explique cette relation entre le paramètre physique-chimique-biologique et la réponse du proxy, et ensuite mesurer ce proxy au cours du temps pour remonter à l'évolution du paramètre qui nous intéresse.

Isabelle : Quels sont les différents types de proxies ?

Jérôme : Il existe toutes sortes de proxies, partout où se forme un sédiment. Cela peut être au fond d'un lac – il y a par exemple des lacs qui sont varvés, c'est-à-dire qu'ils passent par des phases anoxiques et des phases oxiques qui font que le sédiment comprend des successions de couches qui correspondent chacune à une année. La composition du sédiment informe sur des paramètres géochimiques du lac, que l'on peut relier au climat. Il renferme des pollens nous informant sur l'évolution du couvert végétal au voisinage du lac. Il y a les arbres sur lesquels on peut faire des observations sur les anneaux de croissance (dendroclimatologie). Il y a les carottes de glace évidemment, les sédiments marins, les stalagtites et stalagmites dans les grottes, ou encore les coraux.

Isabelle : Les carottes de glace permettent de remonter jusqu'à quelle époque ?

Jérôme : Pour l'instant, on est remonté à 800 000 ans (projet EPICA – European Project for Ice Coring in Antarctica – dont

1. Historien, titulaire de la chaire d'histoire de la civilisation moderne au Collège de France, membre de l'Académie des sciences morales et politiques, premier historien français à s'être intéressé à l'étude du climat.

les résultats ont été publiés en 2004[1]) et on a peut-être dans les tuyaux de quoi remonter à 1 500 000 ans (projet « oldest ice » de la communauté internationale travaillant sur les carottes de glace).

Isabelle : Comment analyse-t-on une carotte de glace, et de manière générale comment se déroule une expédition de carottage ?

Jérôme : Il y a déjà un défi essentiel avec ce type de recherche : le matériau de base – la glace – fond au-dessus de 0 °C. On peut donc l'endommager facilement. Une autre particularité, c'est que la glace se trouve dans l'un des milieux les plus inhospitaliers et les plus inaccessibles sur Terre : les régions polaires. C'est un véritable défi logistique (géré en France par l'IPEV - Institut polaire Paul-Émile Victor) que d'amener une équipe d'ingénieurs et de chercheurs – pouvant compter plusieurs dizaines de personnes – ainsi que son matériel, au milieu de l'Antarctique. On dispose seulement des trois mois d'été austral pour atteindre ces sites, période durant laquelle le retrait de la glace de mer saisonnière permet aux bateaux ravitailleurs d'accoster. Nous obtenons les carottes de glace jusqu'à plus de 3 km de profondeur dans le glacier, en forant avec un carottier fabriqué au laboratoire. Il a fallu pas moins de cinq années consécutives – ou plutôt cinq expéditions de trois mois chacune – au projet EPICA pour atteindre 3 260 m de profondeur au site de la base franco-italienne Concordia. Cette glace nous offre le plus long enregistrement du climat et de la composition de l'atmosphère, dans ce type d'archives. Une des difficultés à gérer durant le forage est que le glacier se déforme en permanence. L'un des défis consiste donc à maintenir suffisamment de pression dans le trou de forage pour permettre au carottier d'aller et venir depuis la surface et remonter ses carottes. Ce qui met une « pression » énorme sur les foreurs, craignant à tout instant de perdre le carottier dans le trou qui se referme. Une fois les carottes de glace à la surface, il faut établir une chaîne de froid très fiable pour les rapatrier en métropole à – 20 °C. Elles sont ensuite stockées dans des entrepôts frigorifiques, puis échantillonnées parcimonieusement afin de conduire toute une batterie d'analyses physico-chimiques.

1. EPICA Community Members, « Eight glacial cycles from an Antarctic ice core », *Nature*, 429, 2004, pp.623-628.

On analyse les isotopes de l'eau constituant la glace pour reconstituer la température ambiante au moment de la précipitation neigeuse. C'est l'une des spécialités du Laboratoire des sciences du climat et de l'environnment (LSCE) de Saclay. Quant aux mesures du contenu en gaz à effet de serre dans les petites bulles d'air formées dans la glace polaire, c'est au Laboratoire de glaciologie et géophysique de l'environnement (LGGE) de Grenoble qu'elles sont effectuées ; on y mesure aussi des éléments chimiques à l'état de traces, les poussières d'origine continentale, les métaux lourds, ou encore les propriétés physiques de la glace qui sont nécessaires pour modéliser l'écoulement de la glace en profondeur et donc dater la glace. On s'intéresse aussi à l'isotope d'un élément chimique extrêmement rare, le béryllium-10, dont les variations de concentration dans la glace permettent d'étudier les variations du champ magnétique terrestre ou encore de l'irradiance solaire. C'est une expertise qui est réalisée au Centre européen de recherche et d'enseignement des géosciences de l'environnement (CEREGE) à Aix-en-Provence.

Olivier : Et comment analyse-t-on les carottes de sédiments marins ?

Jérôme : Celles-ci sont obtenues soit par des forages profonds (plusieurs centaines de mètres sous le fond de la mer) selon une technique un peu similaire à celle utilisée pour la glace, soit par ce que l'on appelle un « carottier-piston ». Celui-ci tombe sous son propre poids et s'enfonce de plusieurs dizaines de mètres dans les sédiments meubles. La France possède un savoir-faire remarquable en la matière, avec le carottier Calypso à bord du Marion-Dufresne opéré par l'IPEV. Les carottes de sédiments sont ensuite conservées à 4 °C pour freiner l'activité biologique à l'intérieur, puis analysées selon de nombreux paramètres : couleur, composition chimique, pourcentage de coquilles de différentes espèces microscopiques, composition isotopique des éléments constituant ces coquilles, et même pourcentage de pollens provenant de la végétation sur les continents dans certaines carottes. Avec les sédiments marins, on peut aussi depuis peu reconstruire indirectement les teneurs atmosphériques en CO_2, en regardant les isotopes du bore dans les coquilles de foraminifères, de minuscules organismes marins.

C'est une méthode développée au Lamont-Doherty Earth Observatory aux États-Unis – le premier article bien quantifié sur le sujet a été publié dans *Science* en 2009[1]. Comme c'est une méthode indirecte, elle entraîne de grosses barres d'erreur par rapport à la méthode directe consistant à mesurer le CO_2 dans les petites bulles d'air de la glace. Pour le CO_2 il y a encore d'autres méthodes, comme la composition isotopique des mousses fossiles trouvées dans des tourbières, qui permet de mesurer un CO_2 d'écosystème, sensiblement différent de l'atmosphère libre. C'est une technique sensible au CO_2 ambiant mais aussi aux variations de l'hydrologie locale. Elle donne bien les mêmes grandes tendances que celles observées dans les carottes de glace aux échelles de temps millénaires, mais avec un bruit plus important lié aux effets hydrologiques sur le proxy.

Isabelle : Les sédiments marins permettent de remonter jusqu'à quand ?

Jérôme : Les sédiments marins permettent de remonter à des dizaines de millions d'années, et de façon plus fragmentaire jusqu'à des centaines de millions d'années. Les forages qui ont été faits pour l'Integrated Ocean Drilling Programme (programme international de forage très profond dans les sédiments), ont permis de remonter à des enregistrements climatiques datant de l'ère secondaire, quand les dinosaures régnaient sur Terre. On dispose par exemple d'une très belle reconstitution de l'évolution climatique à partir de plusieurs forages marins qui remontent à 70 millions d'années (courbe de Zachos et *al.*[2]).

Isabelle : On a vu que dans les carottes glaciaires qui remontent jusqu'à 800 000 ans, jamais il n'y a eu plus de 300 ppm (parties par million) de CO_2 dans l'atmosphère. Quelle est la température maximale associée à ce taux de CO_2 atmosphérique ?

Jérôme : Pour évaluer cette température, on s'appuie sur un proxy, qui est la composition isotopique de l'hydrogène et de l'oxygène composant la précipitation neigeuse. Avec cette donnée le long d'un forage et la relation que l'on observe aujourd'hui entre cette composition isotopique et la température de surface, on

1. B. Hönisch, N.G. Hemming, D. Archer, M. Siddall and J.F. McManus, « Atmospheric Carbon Dioxide Concentration Across the Mid Pleistocene Transition », *Science*, 324, 2009, pp. 1551-1554.
2. J. Zachos, M. Pagani, L. Sloan, E. Thomas and K. Billups, « Trends, rhythms, and aberrations in global climate 65 Ma to present », *Science*, 292, 2001, pp. 686–693.

estime par exemple que l'optimum du dernier interglaciaire, il y a 130 000 ans en Antarctique, quand le CO_2 atteignait presque 300 ppm, était environ 5 °C plus chaud qu'aujourd'hui. Au Groenland, on n'a pas encore les données qui couvrent l'ensemble de l'interglaciaire, mais c'est également plus chaud. À cette époque, la configuration de l'orbite terrestre autour du Soleil conduisait à un flux d'énergie beaucoup plus important sur les régions polaires en été.
Il faut noter à ce stade que les reconstructions de température dans le passé ne reposent pas uniquement sur des proxies indirects. Quand on regarde sur des échelles de temps assez courtes, comme les derniers 200-300 ans, on peut compléter les proxies indirects que j'ai mentionnés auparavant en mesurant directement le profil de température dans un sol par exemple. C'est une expérience que tout le monde peut faire, il suffit de prendre un billet d'avion, par exemple pour Fairbanks en Alaska, d'aller dans la campagne, de faire un trou dans le sol et de mesurer le profil de température en fonction de la profondeur. Le sol intervient comme un filtre qui va lisser les variations de température de l'atmosphère. Ceux qui possèdent une cave dans les fondations de leur domicile le savent bien : la cave conserve une température peu fluctuante autour de la moyenne annuelle. En revanche, si l'atmosphère se réchauffe, l'onde de chaleur va se propager petit à petit dans le sol et sera mesurable comme une anomalie dans le profil de température en profondeur. C'est un phénomène purement physique de diffusion de la chaleur, que l'on peut mettre en équation pour évaluer l'ampleur et l'histoire des changements de température en surface. On peut refaire l'expérience, on peut retourner au même endroit bien plus tard, refaire un trou… on va retrouver la donnée que l'on a obtenue il y a 10 ans ou 15 ans, modifiée seulement si la température de surface a changé. D'autres variables peuvent compliquer un peu l'interprétation de ce signal, notamment l'évolution du couvert neigeux si l'on mesure aux hautes latitudes (la neige intervient comme isolant thermique entre l'air et le sol). Des mesures de température dans des trous de forage ont été réalisées à plusieurs centaines d'endroits, aussi bien dans l'hémisphère Nord que dans l'hémisphère Sud. Comme c'est une science relativement ancienne, beaucoup de ces profils prédatent le réchauffement

important observé par les stations météorologiques depuis les années 1980. Mais les plus récents confirment bien un réchauffement de la surface. Certains observent même la montée en palier reconstruite grâce aux thermomètres, avec un plateau de température entre les années 1940 et 1970. Le problème c'est qu'on ne peut pas remonter très loin en arrière avec ce type de données parce qu'avec la diffusion de la chaleur, au bout d'un moment le signal se perd. En fait, tout dépend du milieu dans lequel on fait les mesures, de sa conductivité thermique : dans un sol, on peut remonter jusqu'à 200-300 ans, mais dans une calotte de glace on peut remonter à quelques milliers d'années. On dispose donc de cette batterie d'archives avec lesquelles on peut reconstituer une température, ou un autre paramètre climatique. Et c'est à partir de l'ensemble de ces archives qu'a été produite par exemple la fameuse courbe en forme de crosse de hockey de Michael Mann et *al.*[1], dans laquelle il y a des données d'anneaux d'arbres qui ont été très critiquées, car pour certains de ces arbres il y a une divergence observée, qui est d'ailleurs l'objet de la discussion du fameux Climategate (campagne contre certains climatologues, basée sur un piratage d'échanges d'e-mails) : sur des arbres pris plutôt dans les hautes latitudes, depuis les années 1950-1960, l'évolution de la densité et de la taille des anneaux de croissance annuels de ces arbres ne suit plus l'évolution de températures, contrairement à ce qui est observé pour des périodes plus reculées ; il y a un décroché qui est dû à autre chose. Vu le caractère récent du phénomène, mis en évidence depuis le milieu des années 1990, on s'attend à ce que ce « quelque chose » soit d'origine anthropique. Il existe différentes hypothèses sur les origines de ce décroché[2] : un déficit hydrologique dans ces régions, un effet de la pollution atmosphérique en ozone ou en dioxyde de soufre, une diminution de l'éclairement solaire atteignant la surface en raison de la pollution atmosphérique plus importante (par exemple avec le fameux « brouillard arctique »).

1. M.E. Mann, R.S. Bradley and M.K. Hughes, « Global-scale temperature patterns and climate forcing over the past six centuries », *Nature*, 392, 1998, pp. 779-787.
2. R. D'Arrigo, R. Wilson, B. Liepert and P. Cherubini, « On the Divergence Problem in Northern Forests : A review of the tree-ring evidence and possible causes », *Global and Planetary Change*, 60, 2008, pp. 289-305.

Ce phénomène semble en tout cas très localisé dans le temps et dans l'espace, ce qui n'empêche pas une partie de la mouvance climato-sceptique de sauter sur l'occasion pour jeter le bébé avec l'eau du bain, ou pour diffamer Phil Jones, *via* le retentissant Climategate, en prêtant une signification erronée à ses propos de chercheur. Il y a aussi d'autres données dans la courbe de Mann, notamment les données isotopiques issues des sédiments lacustres, des carottes de glace, etc. C'est l'ensemble de ces données indirectes qui, passant par une moulinette de calibration et d'homogénéisation, nous permet de remonter dans le temps et de fournir une reconstitution d'un indicateur comme la température moyenne pour une portion du globe sur plusieurs siècles, avec toutes les limites que l'exercice comporte bien sûr en termes de couverture spatiale ou temporelle, ou en termes de précision.

Isabelle : Et est-ce que tous ces proxies convergent vers une même indication concordante de température ?

Jérôme : Il y a beaucoup de bruit, qui est dû à l'imprécision de l'enregistrement en question. Par exemple, lorsque l'on mesure l'épaisseur d'un anneau d'arbre, cette mesure reflète-t-elle une température moyenne annuelle ou une température de la période de croissance, ou plutôt un effet lié à l'hydrologie, aux conditions de stress hydrique vécu par l'arbre ? Il y a donc une incertitude sur le lien entre un paramètre physique ou biologique et le proxy, mais également sur sa résolution temporelle – si on reprend l'exemple des températures mesurées dans un sol, ce n'est pas avec ce type de mesures qu'on va pouvoir déterminer s'il y a eu un optimum médiéval ou un petit âge de glace à une certaine époque à cet endroit, hormis dans la glace du Groenland.

Il y a également le problème de la résolution spatiale : la couverture spatiale de ces proxies n'est pas équivalente à celle que l'on a aujourd'hui avec les stations météo, elles-même ayant eu d'ailleurs une couverture spatiale évolutive au cours du XXe siècle. Donc derrière ces proxies, il y a tout un travail de statistiques pour reconstituer une courbe à la manière de Michael Mann. La synthèse du 4e rapport du GIEC en présente d'ailleurs une petite dizaine issue de travaux de plusieurs équipes au niveau mondial, et pas seulement ceux de Mann et de ses collègues. Et il y a effectivement des disparités : toutes les reconstitutions n'aboutissent pas exactement aux mêmes courbes. Mais la tendance de l'ensemble des reconstitutions montre bien que la période la plus récente présente un réchauffement inhabituel au moins pour l'hémisphère Nord. Cela dit, l'évaluation de l'impact des gaz à effet de serre d'origine anthropique sur le climat récent ne repose pas uniquement sur ces courbes devenues symboliques et décriées par certains, contrairement à ce que veut faire croire une minorité de climato-sceptiques.

La subtile corrélation entre la teneur en CO_2 dans l'atmosphère et la température moyenne à la surface de la Terre

Isabelle : Les reconstitutions de températures fondées sur différents indicateurs climatiques, les fameux proxies, permettent d'obtenir des courbes de température, mais également des courbes de composition de l'atmosphère, et notamment celle des gaz à effet de serre. Est-ce que l'on peut voir si dans le passé il y a eu des périodes marquées par une corrélation entre la teneur en gaz à effet de serre et l'augmentation de température moyenne de la Terre ?

Jérôme : C'est effectivement ce qu'on a montré avec les carottes de glace. En fait, il y a deux interprétations habituelles de cette observation : la première – trop simpliste – est que si l'on voit effectivement une corrélation, c'est qu'il y a une relation de cause à effet dans le sens où les gaz à effet de serre seraient responsables du réchauffement ; la deuxième consiste à dire que l'évolution naturelle du climat, due à d'autres facteurs, impacte les cycles biogéochimiques des gaz à effet de serre, mais sans conséquences sur le climat. La réalité est à mi-chemin : on a affaire ici à ce que l'on appelle une rétroaction. La modification du climat entraîne une réponse du cycle biogéochimique qui se traduit par un accroissement de la teneur atmosphérique en gaz à effet de serre, entraînant à son tour un réchauffement plus important.

Le phénomène se poursuit jusqu'à atteindre un nouvel équilibre. On passe de conditions glaciaires à des conditions interglaciaires, et *vice versa*.

C'est un peu le même phénomène pour une autre rétroaction importante : celle de l'albédo de la Terre, c'est-à-dire la proportion d'énergie renvoyée par la surface vers l'espace, modulée principalement par l'étendue de neige, de glace continentale et de glace de mer, mais aussi par le type de végétation recouvrant les continents.

La relation à double sens entre le climat et la teneur en gaz à effet de serre trouve ses limites pour un gaz comme le méthane. L'évolution du méthane atmosphérique colle merveilleusement bien à celle de la température au Groenland. On serait tenté d'en déduire que la température du Groenland est modulée par les teneurs en méthane… mais en prenant une sensibilité climatique moyenne, le méthane ne contribue qu'à une augmentation de 0,1 °C de la température moyenne à la surface du globe. Donc ce n'est pas avec cette corrélation que l'on va expliquer les 10 ou 15 °C de réchauffement du Groenland pendant des événements climatiques rapides.

En revanche, pour le CO_2, il y a bien un impact significatif parce que son forçage radiatif est bien plus important que celui du méthane lors des déglaciations.

Dans le contexte actuel, il faut bien comprendre que le rôle du CO_2 est différent : du statut de rétroaction, il est passé à celui de forçage. Si la teneur en CO_2 augmente aujourd'hui dans l'atmosphère, ce n'est pas parce que le climat se réchauffe, mais parce que les activités humaines extraient du combustible fossile (qui n'est jamais que du CO_2 atmosphérique capté par la photosynthèse durant des millions d'années, puis enfoui et transformé en pétrole, gaz et charbon) et le brûlent en le retransformant en CO_2. Même si nos observations dans le passé suggèrent qu'avec un climat plus chaud, on aura aussi plus de CO_2 dans l'atmosphère par effet de rétroaction.

Un des contre-arguments que l'on entend souvent aujourd'hui consiste à dire que, dans les carottes de glace, l'augmentation du CO_2 démarre après l'augmentation de la température, et que le CO_2 ne peut donc pas avoir contribué au réchauffement naturel.

Dans le contexte actuel, il faut bien comprendre que le rôle du CO_2 est différent : du statut de rétroaction, il est passé à celui de forçage.

Il est exact que si on prend une carotte de glace en Antarctique, qu'on reconstitue l'évolution de la température sur ce site à partir des proxies de température, qu'on prend la quantité de CO_2 dans l'atmosphère piégée dans la même carotte de glace et qu'on lui applique la correction nécessaire pour son âge – il y a une différence d'âge entre la température et le CO_2 enregistrés à une même profondeur, car le gaz est piégé dans les bulles à une centaine de mètres de profondeur dans la glace, donc il faut faire une correction et intégrer l'incertitude liée à cette correction –, on arrive à un décalage de 800 ans, plus ou moins 600 ans. Alors oui, à chaque déglaciation que l'on a pu étudier, le CO_2 démarre avec un peu de retard par rapport à la température en Antarctique, et on s'y attend puisque ce n'est pas le facteur déclencheur : il a fallu qu'il se passe quelque chose, notamment au niveau de la circulation océanique, pour que du CO_2 commence à être relâché dans l'atmosphère sous l'effet d'un autre forçage, en l'occurrence les variations des paramètres orbitaux de la Terre. Mais ce que l'on voit après ces 800 ans, c'est qu'il y a encore de 5 000 à 10 000 ans de réchauffement pendant lesquels le CO_2 augmente aussi. Et c'est cet aspect qui est complètement escamoté dans la discussion. Le fait que la teneur en CO_2 dans l'atmosphère augmente avec un léger retard par rapport à l'augmentation de la température ne signifie pas que le CO_2 ne joue aucun rôle dans le réchauffement climatique.

Hervé : C'est vrai que personne ne s'attendait à autre chose concernant le retard au démarrage de l'augmentation de CO_2. Mais il y a un problème de communication sur ce point : d'une part, la voix des scientifiques est souvent simplifiée à l'extrême, ce qui fausse parfois le discours, et d'autre part certains médias préfèrent faire passer des messages où l'on présente une superposition des deux courbes – évolution du CO_2 et de la température moyenne à la surface de la Terre – qui montre la corrélation entre les deux. Et on laisse penser que cette corrélation vaut causalité ; c'est notamment le cas dans le film d'Al Gore. Après avoir laissé circuler ce type d'information, faire passer le message que les scientifiques n'ont jamais dit que ces courbes démontraient une causalité est difficile, parce qu'ils n'ont pas protesté vigoureusement pour dire que c'était absolument faux.

C'est vrai que collectivement, on a une responsabilité sur ce point, d'autant plus que les idées fausses circulent rapidement et qu'elles ont la peau dure.

Sylvestre : À *Libération* récemment, il y avait de la place pour un petit schéma dans l'un de mes papiers sur le climat et un graphiste me proposait en toute bonne foi de mettre le schéma superposant les courbes CO_2/températures depuis 1850. Ce que j'ai bien entendu refusé en lui expliquant que cela induisait une relation de cause à effet qui est plus subtile que ça.

Hervé : Moi aussi, j'ai souvent été consulté par des journalistes qui voulaient présenter les courbes CO_2/températures l'une sur l'autre. Je leur ai conseillé de ne pas le faire en expliquant que cela pouvait prêter à une mauvaise interprétation… mais je sais qu'ils l'ont quand même fait au final !

Sylvestre : Oui et on les comprend, parce que bien évidemment il y a une sorte de désir de précision des scientifiques quand ils disent de ne pas mettre ces deux courbes ensemble, alors que par ailleurs ils nous disent que c'est l'augmentation du CO_2 dans l'atmosphère qui est le facteur principal de l'évolution climatique depuis 150 ans.

Isabelle : C'est vrai que ceux qui ont compris qu'une augmentation de CO_2 dans l'atmosphère signifiait une augmentation de température, ne voient pas pourquoi on ne peut pas superposer les deux courbes comme l'a fait Al Gore. Alors que, si j'ai bien compris, c'est simplement un problème de chronologie : par le passé, l'augmentation de CO_2 n'est pas le facteur déclencheur du changement climatique (il intervient avec un léger retard comme une rétroaction positive), alors qu'aujourd'hui c'est bien l'augmentation de CO_2 dans l'atmosphère qui est à l'origine du réchauffement climatique en cours ?

Jérôme : Oui et ce qu'il faut surtout retenir, à mon sens, des travaux qui ont été publiés sur cet aspect de l'évolution de la température comparée à l'évolution des gaz à effet de serre au cours du passé, c'est qu'à partir du moment où l'on a un réchauffement, on peut effectivement s'attendre à ce que le cycle du carbone et le cycle de l'azote nous rajoutent du CO_2, du méthane et du protoxyde d'azote dans l'atmosphère.

On discute toujours des mécanismes exacts responsables de ces émissions naturelles de gaz à effet de serre, mais c'est ce message-là que je préfère retenir des données obtenues dans les carottes de glace, plutôt que celui disant que ce sont les gaz à effet de serre qui changent le climat aux échelles de temps glaciaires-interglaciaires. Ils sont une composante parmi d'autres du changement climatique naturel. Aux échelles de temps glaciaires-interglaciaires, on sait que l'évolution de l'énergie reçue en moyenne sur toute la surface de la Terre pendant la rotation annuelle change très peu. Par contre, la redistribution saisonnière et spatiale change énormément. Et cette redistribution peut conduire à des comportements opposés entre les pôles : quand l'énergie solaire reçue en début d'été en régions boréales devient insuffisante pour faire fondre la neige hivernale et printannière, entraînant un début de glaciation dans l'hémisphère Nord, le phénomène inverse se produit dans l'hémisphère Sud car l'énergie solaire reçue augmente au même moment. Donc il faut un mécanisme qui fasse que les deux hémisphères répondent au même moment, et il n'y a pas trente-six mécanismes susceptibles de faire ça : c'est soit par l'océan, soit par les gaz à effet de serre. Quand on prend un modèle comme celui d'Hervé et qu'on le fait tourner avec les paramètres orbitaux calculés grâce à la mécanique céleste, avec 180 ppm de CO_2, avec 280 ppm de CO_2, avec l'étendue des calottes de glace et celle de la végétation qui modifie aussi l'albédo terrestre, on n'arrive à reproduire la glaciation-déglaciation qu'en prenant en compte les variations de gaz à effet de serre, sinon on n'y arrive pas. Dans l'état actuel des connaissances, on n'est pas capable de produire une déglaciation avec des gaz à effet de serre constants.

Sylvestre : Concernant les gaz à effet de serre, j'ai remarqué que certains climato-sceptiques évitent systématiquement de faire des projections sur les taux de gaz à effet de serre (en particulier le CO_2 et le méthane) dans le futur. Par exemple, dans *L'imposture climatique*, Claude Allègre ne parle pas une seule fois d'un taux de CO_2 de 500, 600, 700… ou 1000 ppm dans l'atmosphère, et quand il montre un graphique sur la concentration de CO_2, dans la légende du graphique on peut lire : « Courbe de Gore présentée au début de son film montrant les

variations de température et de CO_2 depuis 600 000 ans (la courbe de CO_2 a été extrapolée vers le futur pour impressionner !) ». Sauf que quand on regarde la courbe extrapolée, on arrive à 400 ppm, c'est-à-dire pratiquement le niveau auquel on est aujourd'hui – actuellement on est à 387 ppm. Donc Al Gore n'a finalement pas extrapolé de beaucoup.
Il y a donc deux éléments d'information, qui sont basiques sur le sujet et qu'il est important de maîtriser en ordre de grandeur si on veut réfléchir sur la question : tout d'abord, on a la certitude, parce qu'on l'a mesuré, que l'on n'est jamais allé au-delà de 300 ppm de CO_2 dans l'atmosphère dans les huit ères glaciaires-interglaciaires qui ont précédé ; et deuxième élément, on se dirige vers une atmosphère contenant 600 ppm, 800 ppm, 1 000 ppm de CO_2 ou plus : on ne sait pas où ça va s'arrêter mais c'est déjà pratiquement dans les tuyaux ! Le dimensionnement du problème peut être donné simplement par ces deux ordres de grandeur, même s'ils ne sont pas extrêmement précis. Et le fait d'éviter systématiquement de mettre ça sur la table de la part de gens pour qui « tout ça c'est de la blague », est assez symptomatique à la fois de la faiblesse de leurs arguments et du fait qu'ils ne veulent simplement pas parler du problème. Du coup, ils ressortent inlassablement l'argument selon lequel « à l'époque il n'y avait pas plus de CO_2 et pourtant il faisait plus chaud », ce qui permet de semer le doute dans le grand public, à qui on a bien expliqué la corrélation entre l'augmentation de CO_2 et l'augmentation de la température.

Jérôme : C'est vrai et il faut le redire encore une fois : il n'y a pas que le CO_2. Il y a 130 000 ans, les conditions d'insolation étaient telles que pendant la période d'été au-dessus de l'océan Arctique, au-dessus du Groenland, on avait + 50 watts par mètre carré ! Pour situer, aujourd'hui le forçage anthropique lié aux gaz à effet de serre entre la période préindustrielle et 2010 n'est que de 2,5 watts par mètre carré. Alors évidemment, il y a l'effet symétrique dû à l'orbite terrestre, on avait – 50 watts par mètre carré en hiver ; mais en hiver aux pôles, ça ne change pas fondamentalement l'état du système, il n'y avait de toute façon pas de lumière et il faisait déjà froid ! Et le résultat, c'est qu'une bonne partie du Groenland s'est disloquée (il y a bien entendu beaucoup de débats sur la quantité) et a augmenté le niveau des mers de peut-être 3 m. Peut-être aussi qu'une partie de l'Antarctique de l'Ouest s'est également disloquée et a contribué à l'augmentation du niveau des mers… Il y avait moins de CO_2 qu'aujourd'hui à cette époque, mais le CO_2 n'est pas tout.

Isabelle : Pourquoi les conditions d'insolation étaient-elles différentes il y a 130 000 ans ?

Jérôme : C'est de la pure mécanique céleste : les paramètres orbitaux de la Terre varient périodiquement à cause des anomalies gravitationnelles créées surtout par les planètes géantes, ce qui modifie le flux d'énergie solaire qu'elle reçoit en fonction de la saison et de la latitude et entraîne des changements climatiques.

Olivier : Je pense qu'il faudrait redire aussi simplement que si l'on parle de gaz à effet de serre c'est parce qu'ils contribuent à l'effet de serre existant. Autrement dit, si l'on accepte l'idée de l'existence d'un effet de serre, qui permet de maintenir une température moyenne à la surface de la Terre de l'ordre de 15 °C, on ne peut pas dire qu'une augmentation forte de la concentration de ces gaz à effet de serre n'a aucune conséquence.

Les travaux oubliés des spectroscopistes sur les gaz à effet de serre

Hervé : Le message implicite qui se dégage de la mise en exergue des débats sur les liens entre CO_2 et température dans le passé, c'est que la seule raison qui nous permet de quantifier le réchauffement lié à la vapeur d'eau, au CO_2 et aux différents gaz à effet de serre, ce sont précisement ces études des climats passés. C'est l'un des messages subliminaux – et parfois moins subliminaux – qui résultent de ces controverses : beaucoup de gens croient qu'il n'y a que ces corrélations pour étayer la physique des modèles. Alors que les modèles n'ont au contraire jamais utilisé dans la formulation de leurs équations, ni dans leurs données d'entrée, une seule des données issues des travaux de paléoclimatologie – qui sont là comme un outil de validation supplémentaire s'ajoutant à tout ce que l'on observe du climat actuel et de ses fluctuations. En fait, il existe tout un corpus scientifique, qui est a la base de l'essentiel de ce que l'on sait sur l'effet de serre et qui reste très largement ignoré de tous les débats grand public. La communauté des spectroscopistes a calculé, mesuré pendant un demi-siècle au moins (tout ceci a commencé au XIXe siècle) les raies d'absorption de toutes les molécules de l'atmosphère, et archivé ces résultats dans des bases de données (la base GEISA en France, par exemple) qui sont régulièrement entretenues et améliorées. Les calculs qui déterminent le taux de chauffage associés aux différents gaz à effet de serre sont donc effectués de manière très précise – et si les modèles climatiques sont obligés de ne refaire que des calculs simplifiés à chaque pas de temps, ces calculs sont donc calibrés sur des modèles radiatifs très détaillés. Si l'on mesure par ailleurs la température de l'atmosphère, sa teneur en vapeur d'eau et sa composition atmosphérique en autres gaz à effet de serre, on peut vérifier ces calculs, parce que l'on dispose à la fois d'instruments satellitaires qui mesurent le rayonnement atmosphérique dans des milliers de longueurs d'onde et aussi le rayonnement global, intégré sur tout le spectre solaire ou terrestre. En ignorant le rôle de la science du rayonnement atmosphérique, on ignore plusieurs décennies d'une science très riche, très technologique, qui a impliqué des dizaines de milliers de personnes et qui est à l'origine des premières interrogations sur les risques liés aux gaz à effet de serre.

Jérôme : Là on revient sur les éléments que certains climato-sceptiques remettent en question. En fait, il y a toute une graduation de l'argumentation climato-sceptique, qui démarre au degré zéro : « L'effet de serre n'existe pas ». On peut citer ce papier de mathématiciens allemands circulant régulièrement dans les blogs, qui démontreraient que l'effet de serre viole les lois de la thermodynamique ![1] Cet article a été réfuté dans la même revue récemment[2].

1. G. Gerlich and R. D. Tscheuschner, « Falsification of the atmospheric CO_2 greenhouse effects within the frame of physics », *International Journal of Modern Physics B*, vol. 23, 2009, pp. 275-364
2. J.B. Halpern, C.M. Colose, C. Ho-Stuart, J.D. Shore, A.P. Smith and J. Zimmermann, « Comment on Falsification of the atmospheric CO_2 greenhouse effects within the frame of physics », *International Journal of Modern Physics B*, vol. 24, , 2010, pp. 1309-1332.

Puis, dans la graduation des arguments sceptiques vient celui qui consiste à dire : « Oui, l'effet de serre existe, mais il est dû à la vapeur d'eau et non au CO_2. » Comme le CO_2 ne représente que 0,03 % (aujourd'hui 0,04 %) du volume de l'atmosphère, une si faible quantité ne pourrait pas affecter la température de la surface de la Terre, contrairement à la vapeur d'eau qui est beaucoup plus abondante dans les régions très chaudes (elle peut y atteindre 4 %), même si elle est au contraire très faible dans les régions froides et au-delà de 5 ou 10 km d'altitude. Bien sûr les deux effets coexistent, mais on sait faire les calculs de manière précise : le CO_2 est responsable de 30 % environ de l'effet de serre aujourd'hui.

Enfin, certaines contestations sont plus pertinentes et rejoignent les questions que se posent les chercheurs eux-mêmes, concernant ce que l'on appelle la sensibilité climatique : si on double le CO_2 dans l'atmosphère, quelle augmentation de température obtient-on quantitativement ? C'est ici qu'intervient, au-delà des problèmes radiatifs, le problème des rétroactions, avec le fameux rôle des nuages – qui est pris en compte dans les modèles de manière beaucoup plus précise qu'on ne le lit parfois, mais sur lequel il y a effectivement encore beaucoup d'incertitudes.

Hervé : Ce qui me fascine aussi, c'est que ces « pauvres » spectroscopistes, qui ont d'une certaine manière porté tout le problème des gaz à effet de serre sur leurs épaules, qui ont fait tous les calculs fondamentaux, qui ont aussi permis d'analyser les données satellitaires – car tout ce que l'on a comme vision du monde à travers l'analyse des donnés satellitaires nous vient de cette communauté, celle des analystes du rayonnement atmosphérique –, sont pour l'essentiel restés en marge de la médiatisation.

Si on essaie de tester leurs noms, de voir s'ils sont connus médiatiquement, ils le sont assez peu en regard de leur importance historique, du moins en France. Gérard Mégie, Robert Kandel ou Yves Fouquart ont écrit des livres de vulgarisation, mais la reconnaissance publique de cette science est sans rapport avec l'importance qu'elle devrait avoir dans un débat sérieux. C'est plus « simple » , ou plus romantique, d'imaginer que l'on sait si les gaz à effet de serre réchauffent la surface de la Terre à partir de l'analyse des glaces du passé, et les gens imaginent plus difficilement comment on peut calculer ces effets en partant d'études physiques : c'est comme cela que tout un champ disciplinaire est presque complètement passé à la trappe. Et le fait que le grand public ignore le plus souvent l'existence de cette science, de son niveau de sophistication et de ses acteurs, facilite fortement le développement d'un certain scepticisme.

Isabelle : Est-ce que tu peux exposer brièvement la contribution et la teneur de cette discipline ?

Hervé : La spectroscopie a créé un lien fort entre physique et géophysique, parallèle au lien qui s'est créé entre physique et astrophysique. Cette activité s'est beaucoup développée à partir des années 1960, même si ses racines remontent bien avant cette époque. Des scientifiques issus des grands laboratoires de spectroscopie ont utilisé leurs connaissances à la fois théoriques (concernant par exemple le calcul des raies d'absorption de molécules en manipulant des équations de Schrödinger), et expérimentales (*via* des manips de laboratoire, ou l'analyse de mesures dans l'atmosphère réelle) pour quantifier la propagation de rayons lumineux de toutes sortes de longueurs d'onde dans toutes sortes de gaz présents dans l'atmosphère.
Tout ceci est complexe : la capacité d'absorption d'une molécule dépend aussi des chocs éventuels qu'elle peut subir, de l'effet Doppler dû à son mouvement, etc. Il y a aussi, dans le calcul de la propagation du rayonnement atmosphérique, besoin de prendre en compte des effets de diffusion ; et puis il n'y a pas que des gaz, il y a aussi des particules liquides et solides… Tout ceci crée un problème qui a occupé et occupe encore beaucoup de scientifiques, et a été la motivation d'un grand nombre de missions spatiales.

Jérôme : Juste un petit aparté par rapport à ce que tu dis, on en est même au stade où maintenant on se sert d'instruments pour mesurer les gaz à l'état de traces dans l'atmosphère avec ces méthodes spectroscopiques : on envoie un faisceau laser travaillant à une longueur d'onde d'absorption dans l'infrarouge ou le moyen infrarouge et on quantifie la quantité du gaz absorbant.

Le fait que le grand public ignore le plus souvent l'existence de la spectroscopie, de son niveau de sophistication et de ses acteurs, facilite fortement le développement d'un certain scepticisme.

Hervé : Effectivement, ce qu'il est devenu progressivement possible de faire avec ces méthodes est fascinant. Les satellites de la première génération faisaient uniquement des photos, principalement dans l'infrarouge et dans le solaire – c'était de l'imagerie, sans l'idée de mesure. Mais très vite des satellites ont fait de vraies mesures calibrées, soit dans des larges bandes de longueurs d'onde (toute l'intégrale du spectre solaire ou terrestre), soit dans des bandes au contraire très spécifiques – le spectromètre IASI du CNES a plusieurs milliers de bandes d'absorption. Comme toujours dans nos disciplines, c'est l'interaction entre analyse de processus (éventuellement théoriques), modélisation et observation à grande échelle (par avions, ballons, satellites) qui permet de progresser, et qui a permis une mise en cohérence de tout cela : les données satellitaires ont permis à la fois de mesurer une partie des paramètres qui caractérisent le climat (la température, les nuages, les poussières, les aérosols, le vent…) mais aussi de mieux connaître comment change la composition de l'atmosphère en vapeur d'eau, CO_2, ozone, méthane…

Isabelle : Comment sont intervenus les spectroscopistes dans le dossier climatique ?

Hervé : Quand on a commencé à observer l'augmentation du CO_2 dans l'atmosphère autour du volcan Mauna Loa, dans les années 1960-1970, et que la question s'est posée de savoir si le CO_2 pouvait avoir un impact sur le climat, les scientifiques du rayonnement ont bien sûr été sur le devant de la scène : eux seuls savaient faire les calculs ! Cette communauté nombreuse, qui a ses journaux, ses congrès, a participé de manière décisive au développement de la science spatiale. Ce qui est incroyable, c'est le nombre de personnes qui refont chez elles ces calculs et qui nous les envoient en pensant avoir découvert une faute dans certains ouvrages de vulgarisation, tout simplement parce qu'ils n'ont pas du tout idée que cette science-là existe. Pour eux, le lien entre les gaz à effet de serre et la température doit venir d'une petite équation qu'ils vont essayer de trouver à partir de leurs livres de classe ! Et je prends soin d'essayer de leur répondre que c'est plus compliqué que ça et qu'il faut faire tous les calculs de toutes les molécules !

Cette science du rayonnement est vraiment celle qui a porté le premier diagnostic sur le changement climatique, y compris au XIXe siècle ou au début du XXe siècle avec les travaux de Svante Arrhenius[1] par exemple. Mais c'est surtout à partir des années 1970 qu'ont été faites des estimations d'une grande importance, comme celle, toujours valide, qui indique qu'un doublement du CO_2 modifierait le bilan radiatif de la planète de 4 W/m^2 environ. Toutes ces étapes ont progressivement amené à la création du GIEC.

Isabelle : Quand tu parlais des spectroscopistes dont on ne connaît pas les noms, tu pensais à qui ?

Hervé : En France par exemple, je pensais à Alain Chedin. Il a créé et dirigé le groupe le plus important dédié à l'analyse du rayonnement atmosphérique terrestre chez nous au Laboratoire de météorologie dynamique (LMD).

Isabelle : Et les spectroscopistes poursuivent leur champ d'activité ?

Hervé : Absolument, ce champ scientifique large et important progresse aussi avec des instruments actifs (radars, lidars). C'est peut-être un champ d'activité un peu disjoint des préoccupations sociales immédiates en raison de la durée même que prend le travail : une activité importante consiste à concevoir et analyser des missions spatiales qui peuvent occuper les chercheurs d'un laboratoire pendant quinze ou vingt ans.

Sylvestre : Quand des instruments embarqués sur satellites ont permis d'enregistrer le spectre infrarouge de la Terre – les premiers en 1970 – et qu'on a commencé à pouvoir mesurer une évolution de ce spectre de l'émission infrarouge de la Terre vers l'espace dans les années 1990, on a observé celle liée à l'augmentation des gaz à effet de serre et notamment du CO_2. En 2001, j'avais fait un papier dans lequel je disais justement : « On a vu l'effet de serre... ». Je n'ai pas eu un succès extraordinaire avec ce papier mais j'ai pu vérifier depuis que, quand je raconte ça, beaucoup de gens découvrent que l'effet de serre est aussi quelque chose qui est observé de l'extérieur de la Terre par les satellites.

1. Svante Arrhenius et *al.*, *Sur les origines de l'effet de serre et du changement climatique*, éditions la ville brûle, 2010, pp. 197-243.

Jérôme : On observe également l'effet de serre sur Vénus, avec un niveau de détail, il est vrai, bien moindre que celui avec lequel on observe l'effet de serre de la Terre.

Les modèles climatiques : entre projections et incertitudes

Qu'est-ce qu'un modèle climatique ?

Isabelle : Pour comprendre les bases sur lesquelles reposent les projections climatologiques, il me semble utile de rappeler dans un premier temps ce qu'est un modèle climatique et ce que l'on peut en attendre.

Hervé : Absolument, c'est ce que les gens comprennent souvent très mal. Créer des modèles climatiques, au départ, ce n'était pas essayer de faire coûte que coûte des projections, mais essayer de recréer par le calcul la partie organisée des écoulements atmosphériques et océaniques. On recrée véritablement la Terre, on en crée une sorte de réplique, une planète numérique qui vit sa vie sous l'effet d'un jeu d'équations prédictives. La forme de ces équations est déterminée une fois pour toutes, et la planète numérique, comme la planète réelle, voit son état varier avec les saisons, elle voit se développer des dépressions, des anticyclones, des déserts...

Quand on considère les statistiques de l'évolution de cette planète sur plusieurs décennies, on détermine son « climat ». Le travail des modélisateurs a été de faire que ce climat des planètes numériques ressemble le plus possible à celui de la planète réelle, et cela dans une grande variété de conditions : étés et hivers bien sûr, fluctuations de type El Niño, mais aussi climat glaciaire ou actuel, holocène chaud où le Sahara était vert...

Les modèles actuels ont hérité de presque cinquante ans de recherches intensives, et ils ressemblent plus à la Terre réelle aujourd'hui que dans les années 1990. Plusieurs étapes ont été franchies, en termes de complexité ou de précision géographique.

Le pas de temps d'intégration est de l'ordre de quelques minutes; la résolution spatiale, qui était de l'ordre de 500 km en 1990, est d'une grosse centaine de kilomètres. Pour le prochain rapport du GIEC, quelques groupes envisagent de descendre à quelques dizaines de kilomètres de résolution, même si l'on n'aura jamais une copie parfaite de la Terre.

On utilise ces modèles pour faire des expérimentations, pour répondre à des questions précises telles que: que se passera-t-il si le CO_2 augmente? Les modèles donnent beaucoup d'éléments de réponse, mais avec des limites qu'il faut savoir analyser puisque les modèles sont quand même bien différents de la planète réelle.

Isabelle: Les modèles intègrent-ils uniquement des équations hydrodynamiques ou également les champs magnétiques?

Hervé: Non, les équations des champs magnétiques ne sont actuellement pas vraiment nécessaires, car on ne monte pas assez haut dans l'atmosphère. On utilise uniquement des équations hydrodynamiques non magnétiques.

Jérôme: Mais les modèles tiennent tout de même compte de processus qui ne sont pas réellement représentés physiquement, sous la forme de paramètres.

Isabelle: Comment être sûr d'avoir tout paramétré?

Hervé: La réponse n'est pas simple. Le terme de «paramètre» renvoie au fait qu'il existe beaucoup de processus de petites échelles que l'on peut représenter de manière statistique à partir des paramètres qui décrivent la grande échelle. De nombreuses études théoriques ont précédé l'écriture des équations des modèles, pour savoir comment séparer grandes échelles et petites échelles.

En gros, depuis les années 1950-1960, les grands précurseurs de la discipline, dont le météorologiste américain Jule Charney, mais aussi toute une génération de scientifiques, ont réfléchi à la façon d'écrire et de simplifier ces équations. Si l'on prend les équations générales de la mécanique des fluides, elles peuvent décrire beaucoup de processus: les ondes sonores par exemple, qui ne nous intéressent pas beaucoup pour le climat.

On recrée la Terre, on en crée une sorte de réplique, une planète numérique qui vit sa vie sous l'effet d'un jeu d'équations prédictives.

Si on ne les filtre pas tout en gardant un maillage de plusieurs centaines de kilomètres, on va énormément perturber les solutions. Mais il y a également des ondes un peu plus importantes, telles que les ondes de gravité, qui sont l'équivalent tridimensionnel dans l'atmosphère des ondes que l'on produit quand on lâche un caillou dans l'eau. Considérer ces ondes de gravité n'est pas directement nécessaire pour étudier le déplacement des anticyclones par exemple, et on peut aussi vouloir les filtrer – mais pour certains problèmes (l'écoulement au voisinage d'une montagne par exemple) on voudra les garder. L'écriture des équations s'est donc faite avec une analyse très détaillée de ce que l'on voulait vraiment représenter, et de quels étaient, dans un contexte donné, les termes dominants et les termes moins importants.

Le fait que l'atmosphère soit une petite lamelle de fluide à la surface de la Terre a permis de négliger beaucoup de choses. L'effet Coriolis, par exemple, est un effet important qui enroule la circulation atmosphérique autour des dépressions et des anticyclones. Il est fondamental de le prendre en compte, mais on néglige souvent l'effet Coriolis vertical. Il y a beaucoup d'effets comme celui-ci que l'on ne peut pas décrire de manière détaillée dans les modèles.

Après cette phase d'écriture très soigneuse des équations, il faut les « discrétiser », c'est-à-dire les mettre sous une forme qui n'est pas continue, mais où on les résout numériquement aux nœuds d'un maillage. Là aussi, des décennies de travaux ont été nécessaires pour trouver les meilleures manières de discrétiser les équations – et cela se poursuit avec l'utilisation d'ordinateurs toujours plus puissants.

Il y a donc eu, avant d'arriver aux modèles actuels, une phase très longue de travaux, qui sont malheureusement aussi un peu oubliés dans la médiatisation de nos sciences, et à laquelle s'est consacrée toute une génération de chercheurs. Beaucoup sont d'ailleurs partis à la retraite en emportant une partie de leur savoir (comme chez nous Robert Sadourny, ancien directeur du Laboratoire de météorologie dynamique – LMD). Et en faisant ce travail-là, ces chercheurs ont aussi analysé tout ce qu'il fallait représenter de manière statistique : les échelles convectives, les échelles turbulentes dans la couche limite...

Cette analyse de ce que l'on garde dans les équations principales, ou de ce que l'on paramétrise représente donc une très longue phase du développement de notre discipline, qui a commencé avant l'arrivée des modèles. On doit y ajouter toute la physique du rayonnement dont nous venons de parler.
Donc pour répondre, après ce long détour, à la question d'Isabelle : est-ce que l'on prend tout en compte dans les modèles ? Non bien sûr. Mais est-ce un oubli ? Non, je ne crois pas que l'on ait « oublié » grand-chose.

Isabelle : Les modèles intègrent donc ces équations de mécanique des fluides, dans lesquelles un premier tri de paramètres déterminants a été effectué. Et au total, combien de forces sont retenues pour élaborer un modèle ?

Hervé : Il y a pour l'essentiel l'effet de la gravité, l'effet des forces de pression, l'effet Coriolis, et puis tout ce que l'on appelle « paramétrisation », qui reflète l'impact de la petite échelle sur la grande échelle.

Isabelle : Comme la viscosité ?

Hervé : La viscosité en fait partie effectivement, même si son rôle est essentiellement limité aux basses couches de l'atmosphère, de l'océan, ou encore à l'interface entre les deux.

Isabelle : Peux-tu préciser quels sont ces effets de rétroaction des petites échelles aux grandes échelles ?

Hervé : Cela correspond au rôle collectif de petits effets. Regardez un nuage, il est en général pommelé, formé de petites structures. Pourtant ces petites structures ont souvent un effet collectif. Elles correspondent par exemple souvent à des mouvements qui ont pour action de transporter l'excédent de chaleur des basses couches de l'atmosphère vers les hautes couches. Elles sont déterminées par les conditions de la grande échelle climatique (est-on dans des conditions anticycloniques ?) mais modifient en retour ces conditions.

Isabelle : Mais si l'on néglige tous les effets cumulatifs des petits effets intégrés sur le long terme, comment peut-on être sûr que cela n'affecte pas les modèles ?

Est-ce que l'on prend tout en compte dans les modèles ?
Non bien sûr.
Mais est-ce un oubli ?
Non, je ne crois pas que l'on ait « oublié » grand-chose.

Hervé : Justement, on ne les néglige pas, on les prend en compte sur un mode collectif ou statistique. Cela représente une très grande part de l'effort de recherche actuel dans tous nos laboratoires, avec de très nombreuses campagnes de mesures, ou missions spatiales.

Isabelle : De quelle manière les modèles climatiques mettent-ils sous forme numérique les lois de conservation des principales variables ?

Hervé : Il y a eu beaucoup de réflexion sur la manière dont les équations ont été écrites pour conserver les quantités essentielles. Par exemple, dans les modèles qu'on appelle « points de grille », le modélisateur Akio Arakawa (University of California at Los Angeles) avait mis en place quatre possibilités alternatives (A, B, C, D) de discrétiser les différentes variables, de manière à inscrire dans le formalisme du modèle lui-même la meilleure conservation possible d'un certain nombre de variables clés (énergie, enstrophie, etc.), sachant qu'au bout du compte le système est quand même un système ouvert, puisqu'il échange de l'énergie avec l'espace, de la quantité de mouvement avec l'océan... Mais ces problèmes de conservation sont essentiels. Quand j'ai commencé ma thèse en 1978, Sadourny faisait tourner la première version du modèle, et à l'époque on arrivait à faire un jour de simulation par nuit ! Au bout d'une semaine, les alizés étaient bien remontés vers le nord, alors il a changé le schéma de conservation du moment cinétique et les alizés sont redescendus. Toute la phase de création des modèles était basée sur ce genre de réflexion.

Aperçu historique des modèles climatiques

Isabelle : Justement, peux-tu nous faire la petite histoire de l'évolution des modèles climatiques ?

Hervé : Les premiers modèles datent des années 1970-1980, mais on peut dire qu'ils sont sortis de l'enfance dans les années 1990. Au Laboratoire de météorologie dynamique (LMD), ce n'est qu'au début des années 1990 que l'on a réussi à faire des simulations d'un cycle saisonnier complet et à l'enchaîner sur plusieurs années sans dérive notable.

Jérôme : C'est l'époque où tu as arrêté de remettre à zéro chaque année les échanges océan-atmosphère ? J'avais entendu dire que les tout premiers modèles aboutissaient à un déséquilibre énergétique entre l'océan et l'atmosphère qu'il fallait rééquilibrer artificiellement au bout d'un moment en « remettant les compteurs à zéro »...

Hervé : Oui, enfin... je parlais surtout des modèles atmosphériques. Il a fallu encore quelques années pour avoir des modèles couplant atmosphère et océan.

Sylvestre : Mais d'autres équipes étaient mieux dotées que vous en puissance informatique et en capacité de modélisation, aux États-Unis et en Grande-Bretagne, puis en Allemagne ?

Hervé : C'est vrai que d'autres groupes disposaient de plus de moyens et étaient en avance, mais pas de manière considérable, 2 à 3 ans peut-être.

Isabelle : Quand avez-vous commencé à étudier le problème des gaz à effet de serre ?

Hervé : On a fait les premières simulations de sensibilité au CO_2 avec des modèles à océan très simplifié vers la fin des années 1980. En France, on est parti un peu en retard, peut-être parce que d'une manière générale la communauté scientifique ne trouvait pas cela passionnant – et le grand public ignorait le problème. La première fois que j'ai proposé de faire des simulations numériques sur ce problème, c'était en 1987, dans le cadre d'un projet mené par le glaciologue Dominique Raynaud (ancien directeur du Laboratoire de glaciologie et de géophysique de l'environnement de Grenoble) – que je peux encore remercier pour m'avoir ouvert des perspectives aussi larges.

Sylvestre : Est-ce que tu peux dire sur quelles bases a été écrit le rapport du GIEC de 1990, puis décrire l'évolution des modèles et des rapports de 1995, 2001 et 2007 ?

Hervé : Dans le rapport du GIEC de 1990, il y avait déjà une quinzaine de modèles ayant étudié la réponse climatique à un doublement du CO_2, mais seul un modèle couplé océan/atmosphère (celui de Manabe et Stouffer du Geophysical Fluid Dynamics Laboratory – GFDL) était présenté en détail.

Les autres modèles étaient des modèles avec une atmosphère très basse résolution couplée à une couche de mélange océanique de 50 m environ. C'est sur un modèle couplé de ce type que l'on travaillait nous aussi à cette époque au LMD avec Laurent Li, mais notre modèle n'était pas encore prêt pour être référencé dans le rapport du GIEC. Ce qui est incroyable, quand on regarde *a posteriori* la complexité des modèles actuels, c'est qu'en fait ces premiers modèles donnaient déjà les résultats des modèles actuels, à peu de choses près. Ce que l'on sait dire aujourd'hui, en termes de régionalisation – qu'il fera plus chaud aux hautes latitudes, plus chaud sur les continents, plus humide dans les régions déjà humides, plus sec dans les régions déjà sèches... – on pouvait déjà le dire avec ces premiers modèles et on savait l'argumenter. C'était à la fois des modèles très pointus, héritiers de toutes les études effectuées en amont que j'ai décrites, et auxquels on avait de bonne raison de croire malgré leur simplicité, et à la fois des modèles limités ne pouvant décrire l'aspect évolutif du changement climatique, qui dépend de l'océan. On ne savait pas dater les perturbations simulées du climat futur, on se contentait de caractériser le climat à l'équilibre, une fois atteint le niveau de doublement du CO_2.

Jérôme : Ces premiers modèles n'étaient pas encore des modèles de changements climatiques transitoires, qui simulent un climat hors équilibre alors que le CO_2 dans l'atmosphère n'est pas stabilisé ?

Hervé : Non, pas de réponse climatique transitoire dans ces premiers modèles. On double brutalement le CO_2 et on regarde ce qui se passe quand le climat se rééquilibre au bout de quelques années. C'est à partir du rapport de 1995 qu'ont été utilisés plus couramment des modèles bien plus évolués. Pratiquement toutes les équipes avaient alors des modèles couplés océan-atmosphère – même si toutes les équipes n'avaient pas réussi à faire des simulations du climat futur avec ce type de modèle. Et en 2001, un nouveau pas a été franchi : tous les modèles étaient des modèles couplés océans/atmosphère, faisant des scénarios transitoires qui étaient déjà ceux du rapport spécial sur les scénarios d'émissions (SRES – Special

Report on Emission Scenarios) : A1, A2, B1, B2, etc. (ensemble de scénarios de référence qui décrivent l'évolution possible des émissions de gaz à effet de serre selon des hypothèses diverses correspondant à des projets de société particuliers). À partir de cette date, on entre véritablement dans un exercice international complexe auquel participent tous les grands laboratoires de la planète. En résumé, une évolution essentielle s'est faite de 1990 à 2000. Nous sommes passés en 10 ans d'une phase initiale qui ressemblait à une « manip de labo », un peu simplifiée, mais qui était déjà analysée très finement en termes de physique, à la mise en place de grosses équipes, de modèles couplés, de puissances de calcul incroyablement supérieures...

Une même physique mais des modèles différents

Isabelle : Comment se différencient les modèles, s'ils utilisent la même physique ?

Hervé : En fait, il y a plein d'approches différentes de l'écriture des équations. Rien que pour la numérisation, certains modèles choisissent des grilles régulières de type Mercator, d'autres des grilles plus irrégulières, et d'autres des méthodes dites « spectrales ». Mais les nouveaux supercalculateurs ont conduit à considérer une grande variété d'approches mathématiques différentes (projection sur des cubes, des icosaèdres, etc.), ce qui explique l'existence de modèles concurrents.

Isabelle : La différence entre les modèles tient-elle davantage de différences au niveau de la numérisation ou de différences au niveau de la physique ?

Hervé : Il y a les deux. Dans l'atmosphère, il y a un bloc de plusieurs éléments qui sont nécessairement articulés (turbulence/convection/cycle de l'eau) et il y a aussi la manière dont on simplifie le rayonnement, qui est l'autre grande base théorique sur laquelle on s'appuie. Pour un modèle climatique, on ne peut pas faire de calculs raie d'absorption par raie d'absorption à tous les pas de temps, ce serait trop coûteux. Il y a donc des calculs préétablis, calés sur des modèles raie par raie, mais où l'on a regroupé les choses en considérant par exemple cinq bandes spectrales en infrarouge et deux dans le solaire – un ordre de grandeur couramment retenu. Mais des équipes peuvent choisir vingt bandes spectrales en infrarouge et vingt dans le solaire, ou une et une, pour affiner tel ou tel processus, ou au contraire pour gagner du temps de calcul. Par conséquent, les approches sont extrêmement variées. Toute la végétation, la représentation de l'interface sol-atmosphère se prête aussi à des approches assez différentes. En fait, en termes de modèles possibles, leur nombre peut croître très vite. Rien que pour la partie atmosphérique, si on dit qu'on a quatre possibilités pour la dynamique, quatre possibilités pour la végétation, quatre possibilités pour la convection et la branche atmosphérique du cycle de l'eau, on atteint vite la centaine de combinaisons et donc de modèles possibles – mais en fait il y en a beaucoup plus.

Jérôme : Et il faut aussi tenir compte de l'évolution de notre connaissance de la physique. Je prends un exemple : dans les modèles climatiques, on considère le comportement de la glace de mer à l'échelle du bassin arctique comme le comportement d'un matériau plastique. Sous l'effet des contraintes externes, le matériau se déforme. Et les équations qui décrivent aujourd'hui l'évolution de la glace de mer sont celles d'une déformation plastique. Cependant, dans notre laboratoire à Grenoble, Jérôme Weiss et ses collègues ont conduit des études de suivi des bouées dérivantes et des études sismiques sur la glace de mer, et ils se sont rendus compte que le comportement fragile de ce matériau à petite échelle (l'existence de ruptures sous l'effet des contraintes internes, que l'on peut facilement observer à petites échelles spatiales) est aussi valable à l'échelle de l'ensemble du bassin arctique. Dans un modèle amélioré, plutôt que de mettre des équations décrivant un comportement plastique de la glace de mer, il faudrait donc mettre la description d'un comportement fragile, ce qui est beaucoup plus compliqué. Tout ça pour dire que dans le modèle, il y a bien évidemment de la glace de mer, mais que sa représentation physique va être amenée à changer, avec une incertitude sur l'effet, qui peut être négligeable ou bien significatif, de cette représentation physique dans les calculs d'évolution temporelle.

Isabelle : C'est l'intégration ou non de ce type de paramètres qui permet d'avoir plus d'une centaine de modèles possibles ?

Hervé : Oui, même si je préfère parler de représentations de processus physiques plutôt que de paramètres. En fait, même si on peut imaginer plusieurs centaines de modèles différents les uns des autres, et qui soient pertinents, seules une quinzaine ou une vingtaine d'équipes sont capables de développer des modèles complets du système climatique. En réalité, il n'existe donc qu'une quinzaine ou une vingtaine de modèles.

Isabelle : Combien y a-t-il de modèles différents en France ?

Hervé : Deux, parce qu'en France on ne se met jamais d'accord ! On est le seul pays de cette taille à avoir deux modèles. Mais comme on ne se dispute jamais complètement non plus, ils partagent plusieurs composantes.

Isabelle : Mais puisqu'ils intègrent un certain nombre de différences à la fois de physique, de paramétrisation et de numérisation, comment ces modèles peuvent-ils être utilisés de manière conjointe ?

Hervé : Cela a été un objet d'étude très systématique. À la fin des années 1980 et au début des années 1990, Larry Gates, qui était le président du Conseil scientifique du Programme mondial de recherche sur le climat (PMRC), disait en substance : « On est en train de faire une science de résultats non reproductibles, ce qui n'est pas de la vraie science. On doit être capable d'avoir un vrai conservatoire regroupant les descriptions des modèles, les résultats des modèles et les comparaisons de modèles. » C'est pourquoi il a créé le PCMDI (Program for Climate Model Diagnosis and Intercomparison), aux États-Unis. Comme cela a toujours été quelqu'un de très ouvert sur la dimension internationale de notre recherche, il a placé son laboratoire au centre des projets internationaux, et le PCMDI est devenu une sorte de structure matérielle d'appui à ce qui a été ensuite les expériences que l'on appelle un peu abusivement « expériences du GIEC ». Il a notamment créé un programme intitulé Atmospheric Model Intercomparison Project (AMIP) auquel s'est ajouté un programme appelé Coupled Model Intercomparison Project (CMIP) quand les modèles ont

progressé et ont intégré l'océan. Actuellement encore, toutes les simulations dites « du GIEC » sont en fait des simulations mises en place par le Programme mondial de recherche sur le climat en suivant des protocoles qui sont issus du travail du PCMDI, en exploitant toute la contribution informatique et logistique qui a permis d'échanger des téraoctets (10^{12} octets), puis des pétaoctets (10^{15} octets) de données dans des formats directement utilisables par tous. L'idée était d'une part que tous ces modèles aient des protocoles permettant de les comparer dans des conditions relativement strictes – et donc d'avoir un échange ouvert de résultats –, et d'autre part que les gens qui analysent les résultats ne soient pas les mêmes que ceux qui font les modélisations.
Par exemple, construire des bases de données avec les résultats de tous les modèles, et puis demander à des scientifiques volontaires, par exemple un Sud-Américain qui connaît bien la basse pression du Chaco, de vérifier si ce qu'ils connaissent est bien représenté dans les modèles et quelles en sont les implications lorsque l'on utilise ces modèles, pour estimer par exemple l'évolution future des précipitations sur le bassin de La Plata.
Dans l'exercice mis en place à l'occasion du dernier rapport du GIEC, environ 400 papiers de scientifiques qui ont fait ce type d'analyses, sur des aspects très différents des simulations, ont été publiés. Il s'agissait dans la plupart des cas d'analyses de validation, et beaucoup y ajoutaient une analyse de faisabilité des études de changement climatique en réponse à l'augmentation des gaz à effet de serre. Ce qui est sorti de tout ce travail est très intéressant. Je crois que l'idée cachée de certains, en mettant en place ces intercomparaisons, était de dégager trois ou quatre bons modèles et de mettre tous les autres un peu à l'écart. Or ça ne s'est pas vraiment passé comme ça : il n'y a pas eu de meilleur modèle qui se soit dégagé de manière évidente.

Les critères de qualité des modèles climatiques

Jérôme : Tu devrais peut-être expliquer comment tu définis la qualité d'un modèle ?

Hervé : C'est vrai, car beaucoup de paramètres sont prédits et demandent à être évalués. Avant 1990, il y a eu toute une époque où les chercheurs venaient montrer dans les congrès le champ simulé dans lequel leur modèle marchait bien… en évitant soigneusement de montrer les résultats aberrants obtenus avec le même modèle. Ainsi, l'expérience de partage systématique menée par le Programme mondial de recherche sur le climat a permis d'organiser de manière rigoureuse les échanges de résultats, sans volonté au départ de mettre les modélisateurs dans l'embarras. Au contraire, il s'agissait plutôt d'aider les équipes de manière discrète – « Donnez-nous vos résultats, on fera des analyses qui montrent la dispersion des résultats entre modèles et puis on vous dira en secret où est votre modèle ! » Et puis c'est devenu ouvert, c'est-à-dire qu'on a vu, paramètre par paramètre, les modèles qui étaient bons ou moins bons.

Jérôme : Est-ce que les modèles se comparaient par rapport à un état moyen du climat, sur une période de temps donnée ?

Hervé : La première expérience portait sur la décennie 1979-1989. 1979, c'est l'année d'une première grande expérience qu'on appelle « expérience du GARP», dans laquelle on a analysé l'atmosphère de manière détaillée. 1979-1989 était une décennie de référence. Le PCMDI a distribué à tout le monde les données de température de surface de l'océan et tous les modèles ont simulé cette décennie-là. C'est d'ailleurs pour ça que cette « controverse » sur le manque de transparence de la distribution des données et des résultats nous choque un petit peu, quand on voit la manière dont la communauté s'est organisée pour être au contraire extraordinairement ouverte – et peut-être même un peu trop. Il n'y a pas eu de protection juridique forte de toutes ces bases de données et on voit maintenant des sociétés privées, de compétence scientifique très inégale, qui viennent piocher assez librement dans les résultats des simulations pour faire des études d'impact qu'ils vendent ensuite (sans doute très cher !) à toutes sortes de clients…

Par contre, se mettre d'accord sur des critères de notation globale des modèles, c'est une autre histoire, dont la mise en œuvre est difficile – et ce depuis le début. Est-ce qu'on doit mettre des « métriques » – c'est le mot magique – consistant à noter les modèles de manière à dire que, par rapport à un problème donné, il faut prendre 0,1 fois le modèle X + 0,2 fois tel autre modèle Y et 0,3 fois le modèle Z... (cette somme devant nous donner la bonne solution !). Jusqu'à présent, cette utilisation des métriques est plutôt refusée et reste limitée à des études particulières. Les scientifiques veulent travailler avec une diversité de modèles, une diversité d'approches, parce que cette diversité traduit une incertitude qu'il faut respecter.

Mais il y a des résultats étonnants, qui montrent que cette idée de métriques a sans doute un intérêt. Si l'on prend un paramètre dont la simulation est vérifiable, quel qu'il soit ou presque, et que l'on prend l'ensemble des simulations réalisées, c'est souvent la moyenne des modèles qui donne le meilleur résultat – meilleur que le résultat de chacun des modèles pris séparément. Cela est notamment vrai avec les modèles couplés océan/atmosphère. Cela prouve que, même s'il y a des approches différentes selon les modèles, comme chaque groupe essaie de faire des choix cohérents, on a un ensemble de modèles qui s'approchent tous de manière un peu différente de la réalité, et dont la mise en commun apporte une information supplémentaire – enfin c'est mon interprétation, car cela reste en partie inexpliqué.

Pour expliquer cela de manière plus précise, quand on travaille sur des modèles, il y a un tour de main d'artisan : on représente la végétation, les nuages, la dynamique, etc. de manière cohérente, on accorde les hypothèses que l'on fait d'un côté avec celles que l'on fait de l'autre pour garder un certain équilibre. Chaque groupe fait cela et chacun se retrouve avec un modèle optimisé, mais différemment, avec des hypothèses de départ un petit peu différentes. Et quand on moyenne tous les modèles, on obtient d'excellents résultats.

Bien sûr, on veut caractériser l'incertitude liée aux modèles, et par conséquent considérer, dans les simulations des climats futurs, l'apport de tous les modèles – même de ceux qui donnent des résultats assez différents. Malgré tout, cette constatation que dans les cas vérifiables le modèle moyen est très souvent le meilleur est une idée que l'on ne peut s'empêcher d'avoir dans un coin de sa tête, et qui, consciemment ou inconsciemment, donne un poids plus grand à la moyenne des simulations – une tendance contre laquelle il faut lutter.

Dans les cas vérifiables, la moyenne des modèles donne souvent un meilleur résultat que chacun des modèles pris séparément.

On a une dispersion des modèles autour d'une moyenne du réchauffement global qui est, par exemple pour les scénarios médians d'augmentation des gaz à effet de serre, à 3 ou 4 °C de réchauffement en 2100. Je pense que chez beaucoup de modélisateurs, il y a cette idée – pour le moment indémontrable – que cette moyenne représente une probabilité d'évolution plus forte que les autres pour le climat du futur. En d'autres termes, chaque fois que l'on peut vérifier, la prévision moyenne est la meilleure. Qu'en sera-il pour le futur ? On ne sait pas encore…

Isabelle : Chaque modèle tourne combien de temps pour faire évoluer le climat jusqu'en 2100 ? Est-ce qu'ils ont le même temps de calcul ?

Hervé : Non, car ils n'ont pas tous la même résolution, ni la même physique... L'Institut Pierre Simon Laplace par exemple, s'est calé pour pouvoir faire toutes les simulations en un an ou un an et demi. C'est le Commissariat à l'énergie atomique (au travers d'un consortium mixte CEA-CNRS-Université appelé GENCI – Grand équipement national de calcul intensif) qui nous met cette fois à disposition des ordinateurs que l'on peut dédier pendant environ un an aux calculs.

Sylvestre : Et sur le fait qu'il n'y ait pas d'énormes différences entre les résultats des modèles extrêmement « simplistes » des années 1980 et les modèles beaucoup plus sophistiqués des années 2000, qu'est-ce que cela signifie par rapport à la validité des modèles – et donc leur capacité à nous proposer un futur raisonnable sur lequel on pourra se baser pour décider ?

Hervé : En fait, les modèles dits « simplistes » représentaient tout de même vingt ou trente années de travail extrêmement acharné d'une communauté de chercheurs, qui avait approfondi de manière souvent théorique ou conceptuelle beaucoup des problématiques difficiles de la modélisation. Pour ma part, à l'époque, je n'étais pas vraiment conscient de tous les enjeux, mais je pense que si en 1990 un certain nombre de scientifiques ont écrit un premier rapport du GIEC qui a alimenté beaucoup des conclusions du sommet de la Terre de Rio, c'est parce qu'ils avaient confiance dans toute cette analyse permettant de dégager les principaux processus climatiques, de les séparer de ceux qui étaient négligeables.

Donc les modèles simples étaient des modèles qui simulaient déjà les processus les plus importants, ce que l'on a vérifié par la suite en compliquant les modèles. La circulation atmosphérique s'établit en fonction de contraintes externes (le chauffage solaire, les températures de l'océan), mais aussi de processus internes : il y a toute la manière dont se distribuent la chaleur et le mouvement, dont se font les équilibres... La fonction de ces éléments, l'imbrication de ces processus avaient été étudiées de manière approfondie durant ces vingt années préliminaires. Ma première lecture quand je suis arrivé au Laboratoire de météorologie dynamique (LMD), et celle de beaucoup d'étudiants à la même époque, a été un livre d'Edward Lorenz intitulé *The nature and theory of the general circulation of the atmosphere.* Dans ce livre de 1967, l'analyse des processus clés qui permettent l'organisation de la circulation globale de l'atmosphère était d'une grande profondeur, et contenait déjà les principaux concepts que nous connaissons aujourd'hui. En simplifiant, la période 1990-2010 a beaucoup consisté à renforcer les conclusions des premiers modèles, à se rassurer par rapport à tout ce qui avait été négligé par manque de puissance des ordinateurs, à réfuter les accusations d'approches simplistes. De nombreuses d'études ont été faites sur le mode suivant : « Vous nous dites que nous avons oublié tel et tel processus..., eh bien on va les introduire dans le modèle... » Et de manière générale – et c'était tout sauf une surprise compte tenu de toutes les analyses préalables expliquant les facteurs d'organisation des circulations atmosphériques – les modèles plus compliqués ont confirmé les modèles plus simples.

Jérôme : Comment expliques-tu que le passage d'un modèle intégrant un océan d'une couche de 50 m (océan dit « simplissime » ou *slab ocean*), avec nécessairement l'inertie thermique qui va avec, à un modèle avec un océan global dans lequel tu es capable de décrire une circulation thermohaline, etc., n'entraîne pas un terme d'inertie qui va rentrer en ligne de compte quand tu vas faire des simulations sur le XXe ou le XXIe siècle ? Autrement dit, la comparaison entre un modèle qui tourne avec un océan simplissime et un modèle qui tourne avec un véritable océan devrait diverger quelque part, non ?

Hervé : Tout dépend de ce que l'on regarde comme effets. Si on regarde les effets principaux que j'ai cités tout à l'heure, c'est-à-dire la distribution géographique des changements climatiques à l'échelle globale, on se rend compte que l'océan ne joue pas trop. Maintenant, si l'on veut comprendre quelle transition conduit à cet effet-là, en combien de temps les choses vont se passer, bien sûr que l'influence de l'océan est importante, et même essentielle. Et puis on sait parfaitement aussi qu'en limitant le rôle de l'océan, on se limite à une classe de futurs possibles, à des évolutions relativement linéaires : si la circulation océanique subit un arrêt brutal, si elle diverge… les résultats ne seront pas du tout les mêmes. Si l'océan conditionne le temps, lent ou rapide, du changement climatique, il affectera aussi la durée d'un retour à l'équilibre, si l'on diminue nos émissions de gaz à effet de serre. Donc au-delà d'un certain nombre d'évolutions répertoriées comme très plausibles, il peut s'ajouter des surprises…

Olivier : J'aimerais soulever à nouveau un point qui est souvent repris par certains climato-sceptiques, c'est celui du chaos et de la complexité. Le climat planétaire ne semble pas fonctionner selon un modèle chaotique, parce qu'il y a une hiérarchisation très nette entre les composantes principales et les effets secondaires. Il n'y a donc pas d'effet papillon généralisé qui nous amènerait à n'importe quoi.

Hervé : C'est plus compliqué que ça… Le climat est le résultat de contraintes. Il y a tout d'abord la rotation de la Terre qui impose un certain type d'échanges dynamiques entre la Terre solide et l'atmosphère, et ces échanges doivent être équilibrés, ce qui constitue une première contrainte. Et puis, il y a des échanges énergétiques qui doivent eux-mêmes être équilibrés, ce qui fait une autre contrainte. Et quand on croise ces contraintes, on obtient un espace limité dans lequel peut se déplacer le climat. C'est la partie non chaotique de son comportement, qui se superpose effectivement à des éléments de chaos. Il existe donc une composante organisée de la distribution des climats (qui ne croit pas à l'idée d'un climat méditerranéen différent du climat atlantique ?) que les modèles reproduisent désormais assez bien, et dont on peut en partie prévoir l'évolution si les gaz à effet de serre augmentent.

Olivier : Donc les grandes structures du climat sont organisées et les détails sont chaotiques ?

Hervé : Oui, en gros c'est ça. La partie organisée s'explique au travers d'une véritable analyse physique et les modèles parviennent à la reproduire, parce qu'ils s'appuient eux aussi sur une analyse des processus physiques prépondérants, des lois de conservation primordiales.

L'influence du GIEC sur les modèles climatiques

Olivier : Le GIEC est une instance d'expertise scientifique. Il ne fait pas de recherche, il fait la synthèse critique des connaissances disponibles dans les publications et travaux récents. Mais tout de même, tous les travaux que les modélisateurs ont développés, et notamment la coordination qui a été mise en place pour encadrer la modélisation, ne sont-ils pas liés au fait que tout ceci devait alimenter le GIEC ?

Hervé : C'est une très bonne question, qui est effectivement assez délicate, car il y a eu un certain mélange des genres à un moment donné sur ce plan-là. Le fait d'avoir fait travailler l'ensemble de la communauté sur des scénarios (A1, A2, B1, B2) – issus d'un travail d'audit de la littérature scientifique dans le domaine des sciences humaines, économiques ou sociales – signifie qu'effectivement le GIEC s'est retrouvé en quelque sorte « prescripteur de recherche ». Maintenant, c'est presque inévitable, et ce n'est pas non plus gravissime si l'on fait attention à ce que cela n'affecte en rien sa mission d'expertise.

Olivier : Ce n'était pas une critique, c'était juste une observation destinée à mieux comprendre comment le GIEC se situait par rapport aux recherches.

Jérôme : C'est effectivement une question légitime. Les modélisateurs intègrent dans leurs modèles des scénarios d'émissions proposés par le GIEC, donc le chercheur se retrouve dans une position de faire de l'opérationnel, ce qui n'est pas sa fonction première.

Sylvestre : Je crois qu'il faut expliquer davantage ce point. La liberté totale des modélisateurs aurait pu se traduire par la difficulté – voire l'impossibilité – de comparer les résultats des modèles s'ils avaient pris des scénarios d'émissions et des hypothèses totalement différents. C'est pour cela qu'il fallait que les scénarios d'émissions testés soient standardisés. Le problème, comme tu le dis, c'est que l'on n'a pas testé les modèles dans d'autres dimensions qui auraient peut-être pu révéler quelque chose sur le fonctionnement du modèle. Cela a été fait un peu avec Mars et Vénus, mais les caractéristiques de ces planètes sont tellement différentes de celles de la Terre que ce n'est pas sûr que cela serve vraiment beaucoup. Et si j'ai bien compris, dans le futur, les chercheurs vont prendre cette « liberté » d'aller tester d'autres scénarios d'émissions ou d'autres forçages ?

Hervé : En fait, et heureusement, le travail des laboratoires ne s'est pas limité – loin de là – aux simulations préconisées par le GIEC : on a testé des tas de choses, en permamence, sur le rôle des nuages, de la végétation, de la déforestation, sur la simulation des climats passés…

Et pour ce qui est de l'exercice collectif, on a deux grands organisateurs de la recherche : l'un est réellement dédié à la coordination scientifique, c'est le Programme mondial de recherche sur le climat (PMRC) – c'est lui qui organise notamment la veille mondiale en matière d'observation de la Terre ; l'autre, le Groupe d'experts intergouvernemental sur l'évolution du climat (GIEC) est une structure d'audit. Mais bien entendu, il y a une porosité entre ces deux structures, parce que l'on ne peut pas imaginer que l'audit soit complètement extérieur. De fait, je crois qu'environ 80 % des rédacteurs du rapport du groupe I du GIEC ont été fortement impliqués dans le PMRC.

Un effort a été fait pour essayer de bien clarifier les rôles à l'avenir. Par exemple, toutes les simulations qui vont être faites pour le prochain rapport du GIEC en 2012 sont maintenant organisées, dans le cadre du PMRC, par des groupes scientifiques qui ont travaillé à identifier des objectifs scientifiques plus diversifiés que celui de répondre par quelques chiffres ou diagrammes à des scénarios d'émissions. Ces objectifs vont donner plus d'importance à la compréhension des processus que cela n'avait été fait précédemment.

Actuellement on a une séquence semi-opérationnelle qui consiste à dire : « J'établis des scénarios économiques probables, je les applique dans un modèle global, j'obtiens les caractéristiques générales d'un changement climatique probable que j'applique ensuite à d'autres modèles plus détaillés, qui sont des modèles d'impacts… » Cette séquence lourde, de presque 10 ans pour aller jusqu'aux très incertaines conséquences régionales du climat, occupe une partie de la communauté scientifique à faire des exercices très répétitifs. Mais elle sera modifiée dans les exercices que le PMRC met en place : il s'agit d'arriver à caractériser certains niveaux de perturbation du climat que l'on souhaite éviter et puis de revenir en arrière, en se demandant pour chaque niveau de perturbation quels sont les niveaux d'émissions et les scénarios socio-économiques qui y conduisent, ce qu'il produit comme impacts… Le travail sera découpé de manière différente, non séquentielle, en donnant plus de place à une réflexion conceptuelle pouvant mieux associer sciences physiques et sociales.

Jérôme : Il était même question pendant un temps d'une approche inverse consistant à dire : on veut 450 ppm d'équivalents de CO_2, quelles contraintes (en particulier sur le taux d'émissions fossiles) faut-il mettre dans les modèles pour atteindre ces 450 ppm ?

Hervé : C'est bien cela qui va être fait, mais l'objectif maintenant est de de caractériser cette perturbation en watts par mètre carré (W/m^2).

Isabelle : Qu'est-ce que ce changement implique au niveau des scénarios et des conséquences ?

Hervé : La différence avec l'objectif chiffré en ppm d'équivalents de CO_2, c'est que l'on peut séparer les choses : les climatologues établissent au mieux les conséquences d'un certain niveau de perturbations, et les socio-économistes peuvent « jouer » plus librement à limiter soit le méthane soit le CO_2, à mieux prendre en compte les différents gaz à effet de serre (GES)…

Isabelle : Est-ce que l'élément le plus testé dans les modèles est la quantité de gaz à effet de serre dans l'atmosphère ?

Hervé : Cela dépend des modèles. Il existe des modèles du cycle du carbone dont le résultat essentiel est effectivement d'établir la variation du CO_2. Ces modèles sont parfois même couplés avec les modèles de climat (l'IPSL a joué un rôle de pionnier dans ce domaine), mais la plupart du temps les modèles explorent la réponse du climat à des niveaux imposés de GES. Les tests des modèles concernent alors tous les domaines. J'ai parlé des 400 papiers sur les simulations réalisées avant le dernier rapport du GIEC. Il s'agit de tests aussi bien en hydrologie que sur le rôle des montagnes, sur les précipitations, sur le rôle des forêts en Amazonie et en Afrique, sur les circulations océanique et atmosphérique... il y a vraiment des papiers sur tous les aspects.

Isabelle : Le GIEC a-t-il contribué à focaliser les recherches sur le rôle des GES ?

Hervé : Le GIEC a été créé pour déterminer les conséquences de l'injection de GES dans l'atmosphère, et il a bien entendu contribué à focaliser les recherches sur ce thème précis. Il y a cependant une très grande diversité de simulations où les chercheurs ont testé d'autres effets : variations solaires, explosion du Pinatubo, déforestation, irrigation des sols... Mais c'est vrai qu'une majorité des études a été focalisée sur le problème des GES. Cette demande du GIEC a mobilisé beaucoup de moyens dans les laboratoires. On peut donc penser que cette orientation a conduit à assécher un peu la recherche, et c'est bien ce qui a conduit à revoir la mécanique des simulations. Le rapport du GIEC a aussi été lu en privilégiant des notions simples (celle de température moyenne) ce qui a contribué à écarter le débat public de la réalité du travail dans les laboratoires.

Une critique ouverte et isolée des modèles climatiques

Olivier : Et par rapport à Vincent Courtillot[1] qui nous explique qu'une erreur grossière de calibrage a provoqué une sous-estimation d'un facteur 20 de l'influence du Soleil et une surestimation d'un facteur 6 du CO_2. Est-il possible de répondre clairement sur ces points précis ?

1. Géophysicien de l'Institut de physique du globe de Paris, membre de l'Académie des sciences, figure médiatique du climato-scepticisme en France.

Hervé : Ces critiques sont issues d'une étude de comparaison modèles/données, essayant d'établir des corrélations entre variations du bilan radiatif et température, étude réalisée par le climatologue américain Richard Lindzen (et ses collègues). Des erreurs ont été détectées dans cette étude par un autre climatologue américain Kevin Trenberth (et ses collègues).
Quand un résultat est nouveau, qu'il résulte d'un travail techniquement complexe, qui contredit des résultats antérieurs, il faut l'analyser tranquillement. Le bilan radiatif local instantané dépend de beaucoup de paramètres, qu'il faut séparer très patiemment si l'on veut avoir accès à une estimation *via* l'observation de la sensibilité climatique.

Jérôme : Qu'est-ce qu'il dit exactement sur l'influence du Soleil ?

Olivier : Je cite : « Les modèles du GIEC sous-estiment d'un facteur 20 l'influence des variations solaires sur la température, à cause d'une erreur de calcul basique dans la calibration des signaux de satellites différents. » Quel est le test de vérité pour des erreurs supposées d'une telle ampleur ? Je pense qu'il faut absolument répondre à ce genre d'énoncé.

Hervé : À ma connaissance, cette attaque – assez brutalement affirmative – se base sur un article unique. Cette notion « d'erreur de calcul basique » me laisse penser que la nature même du travail de modélisation n'est pas bien comprise : la représentation des nuages ou du bilan radiatif dans les modèles ne s'appuie pas sur un calibrage d'une variable « sensibilité climatique » ni sur les données satellitaires, mais bien sur une identification de mécanismes physiques que l'on représente par un ensemble d'équations complexes, que l'on fige et que l'on cherche ensuite à valider par des données variées et en particulier satellitaires.
On a consacré le chapitre 7 du rapport de 2001 du GIEC à ce sujet. La validation des modèles réclame une analyse complexe de processus tout aussi complexes, un travail qui s'est développé peu à peu depuis dix ans et qu'un unique article ne peut pas balayer d'un seul coup.
Dans l'article cité implicitement par Vincent Courtillot, Richard Lindzen et ses collègues ont comparé les corrélations locales entre bilan radiatif et températures du sol. Je n'ai pas

regardé cela en détail mais les résultats sont incompatibles avec d'autres publications, et des erreurs ont été trouvées comme je l'ai dit précédemment. Cette corrélation traduit des processus variés, dynamiques, radiatifs, convectifs… Justes ou faux, il faut du temps et une analyse soigneuse pour interpréter ces résultats.

Isabelle : En même temps, l'attaque de Vincent Courtillot paraît un peu marginale, puisqu'il se base sur un article unique.

Olivier : Je ne dis pas le contraire, mais quand on lit ça, on se dit que l'écart est tellement énorme que tout le monde ne peut pas avoir raison en même temps : cela dépasse les marges d'erreur ou d'incertitude admissibles pour tenir un discours !

Hervé : Oui, Vincent Courtillot veut dire que l'on ne sait pas tout sur le système climatique ; mais de là à tout remettre en cause sur la base d'une étude unique, il y a un pas énorme. Il existe des dizaines d'autres études sur le sujet. Qu'un papier soit publié ne veut pas dire qu'il soit juste : le *referee* ne refait pas les calculs, il juge la démarche, sa cohérence, son interêt pour les lecteurs.
C'est pour cela que le GIEC met une date limite pour la publication des résultats pris en compte dans ses rapports : il faut que d'autres scientifiques aient le temps de refaire des estimations contradictoires.

La précision des modèles et leur marge d'incertitude

Sylvestre : Concernant le degré de précision des résultats des modélisations, la confiance que l'on a dans ces précisions doit être jugée suffisante pour asseoir un processus de décision politique. Évidemment, la réponse à cette question de confiance dans la précision des modèles doit être donnée par les différents acteurs, notamment par les scientifiques qui doivent dire leur degré de confiance dans ce qu'ils font, puis les politiques et les citoyens devront eux aussi y répondre.

Olivier : Pour prolonger ce point, je pense que la question se pose de savoir s'il est encore besoin, du point de vue de l'éclairage des politiques à engager, de faire beaucoup de recherches scientifiques, ou bien si l'on en sait assez pour déterminer ce que l'on doit faire. C'est une autre question de société que de savoir si on se lance ou pas dans la prévention de ce risque.

Hervé : De mon point de vue, je crois qu'il y a deux problèmes : d'abord il s'agit d'établir la réalité d'un danger global, qui justifie d'essayer de réduire les émissions de gaz à effet de serre (GES), et sur ce point, la science me paraît bien avancée – même si elle continuer d'évoluer, et le réchauffement lui-même donne des éléments scientifiques nouveaux ; puis se pose un autre problème : puisque l'on n'arrivera probablement pas à réduire les émissions de GES au niveau nécessaire pour empêcher tout changement, se posent les questions de savoir où précisément seront localisés les changements climatiques ? Dans quelles régions faudra-t-il fortement s'adapter ? Où seront les dangers ?...

Jérôme : Je nuancerai quand même ton discours, car il y a des exemples récents de processus que l'on n'avait pas compris, qui n'étaient pas intégrés dans les modèles et qui, à mon avis, ont un impact très important. Je veux parler de tout ce qui touche à la cryosphère (parties de la surface terrestre où l'eau est présente sous forme de glace ou de neige). La problématique des glaciers émissaires (qui charrient la glace vers la mer), que ce soit en Antarctique ou au Groenland, où l'on a vu des accélérations vraiment très importantes que les modèles n'étaient pas capables de reproduire. Il y a là des processus physiques qui ne sont pas dans les modèles et qu'il va falloir mettre en équations. Et fondamentalement, en arrière-plan, avec ce genre de phénomène on ne discute plus d'une élévation du niveau de la mer de vingt centimètres ou de cinquante centimètres, mais de un mètre d'ici la fin du XXIe siècle ! Et les conséquences sociétales ne sont plus du tout les mêmes : si on doit bouger les vingt millions d'habitants de Shanghaï parce que l'on a un mètre d'élévation du niveau de la mer, ce n'est pas la même chose que vingt centimètres d'élévation demandant de bouger les quelques milliers d'habitants des îles Tuvalu.

Hervé : Oui, j'ai été un peu simpliste et je suis d'accord avec toi. Ce que je voulais dire c'est que la base du dossier scientifique est solide, qu'il s'agit d'une science plusieurs fois confirmée et qu'au vu de leurs connaissances actuelles, les scientifiques doivent s'adresser au grand public et aux décideurs politiques pour tirer la sonnette d'alarme. Mais pour guider et conseiller de manière précise et quantitative le processus d'adaptation aux changements climatiques, il manque encore beaucoup de connaissances et on ne sait pas encore bien faire.

Isabelle : En même temps, des processus importants ne sont pas encore inclus dans les modèles, comme le mécanisme des glaciers émissaires dont parlait Jérôme.

Hervé : C'est vrai, des mécanismes ne sont pas encore inclus dans les modèles et il y a des domaines dans lesquels on ne sait même pas ce qu'il sera possible de prévoir *in fine*. Par exemple, est-ce que l'on va améliorer les modèles en gagnant en précision géographique ? Il y a des chances que oui... et des chances que non. On le saura dans quelques années.

Isabelle : Cela ne lève pas complètement le doute qu'on peut avoir, que tout scientifique peut avoir sur les modèles. À chaque fois qu'il y a un modèle scientifique, il y a toujours le doute de savoir si tout a bien été intégré, et seule la confrontation aux observations permet de dire si le modèle est bon ou pas.

Jérôme : Il faudrait donc attendre 2100 pour savoir si les modèles actuels étaient bons ou non ! On voit bien que la difficulté essentielle aujourd'hui est d'accepter qu'il y ait des incertitudes et de prendre des décisions sur la base d'une connaissance qui demeurera toujours imparfaite. La sensibilité climatique (qui désigne l'évolution des températures à l'équilibre en situation de doublement de concentration de CO_2 atmosphérique, lorsque toutes les rétroactions climatiques à ce doublement ont été intégrées) est encore un sujet de débat, mais on est obligé de s'appuyer sur le constat dont on dispose aujourd'hui pour prendre des décisions, parce que si les modèles disent vrai, et compte tenu de l'inertie du système climatique, on ne peut pas attendre 2100 pour agir.

Hervé : Oui, le consensus des résultats simulés est trop fort : tous les modèles disent que si l'on ne fait rien, on aura un réchauffement de 2 °C dans le meilleur des cas.

Jérôme : Est-ce que quelqu'un a essayé de trouver un modèle qui refroidirait la Terre ?

Hervé : J'en suis persuadé, vous imaginez bien qu'un tel résultat vaudrait à son auteur une célébrité immédiate.

Jérôme : C'est pour ça que le procès d'intention qui consiste à dire qu'il y a une espèce de monotonie dans la pensée est complètement stupide.

Sylvestre : Qu'est-ce que ça veut dire, « essayer de trouver un modèle qui va refroidir la Terre » ?

Hervé : Ça veut dire trouver un processus que l'on sache représenter avec des équations cohérentes et introduire dans les modèles, qui vérifie toutes les contraintes dont on a parlé, qui une fois introduit change les choses de manière significative en produisant une rétroaction négative, et tout cela sans violer les observations qui contraignent le modèle dans sa représentation du climat actuel.

Sylvestre : Et qui a essayé de trouver un modèle de ce type ?

Hervé : Je ne sais pas tout ce qui se fait dans toutes les équipes. Les propositions que je connais sont venues de Richard Lindzen.

Sylvestre : Il a essayé à partir des idées des modélisateurs, ou il a vraiment écrit ses propres équations à intégrer dans un modèle ?

Hervé : Il a surtout proposé des idées, des pistes de réflexion et d'analyse. Je ne l'ai pas vu arriver jusqu'à des équations « prêtes à l'emploi ». Mais cela a eu un effet incitatif fort pour les recherches sur les rétroactions de la vapeur d'eau et des nuages.

Olivier : Après, il y a l'argument de la complexité : « Vos modèles ne pourront jamais saisir la complexité du système climatique, donc par construction, vos modèles ne sont pas les bons outils. »

La modélisation des nuages

Jérôme : Il y a également une observation qui a fait beaucoup de bruit récemment, c'est l'article de Susan Solomon[1] (National Oceanic and Atmospheric Administration, É-U) sur l'évolution de la vapeur d'eau dans la stratosphère. Là encore, il y a des processus physiques qui ne sont pas encore bien représentés dans les modèles. Dans quelle mesure ce processus peut-il produire un effet compensateur qui fasse qu'on n'ait pas une sensibilité climatique telle qu'on la calcule aujourd'hui ?

Sylvestre : L'article de Susan Solomon est quand même une énorme démonstration de l'éthique scientifique, car après avoir codirigé le groupe I du GIEC, elle s'est mise à travailler à une sorte de réfutation...

Hervé : Pas de réfutation, plutôt de science additionnelle.

Sylvestre : En tout cas, elle s'est demandée s'il n'y avait pas dans la stratosphère quelque chose qui pouvait avoir une rétroaction négative. Elle a trouvé qu'une baisse de la quantité de vapeur d'eau dans la stratosphère expliquerait en partie la moindre hausse des températures moyennes à la surface du globe sur la décennie 2000-2009 (ce qui ne va pas à l'encontre du fait que ces mêmes années 2000-2009 soient parmi les années les plus chaudes depuis 1880), et cette recherche a été publiée. C'est quand même une démonstration que les scientifiques qui travaillent sur la question climatique ne sont pas uniquement à la recherche de l'observation qui va confirmer leur idée de départ et qu'ils écarteraient délibérément des bonnes idées ou les sujets de recherche qui iraient à l'encontre de leurs thèses.

Hervé : Cela a toujours été le cas et l'on peut s'étonner de ce que l'on s'en étonne. On parle beaucoup du rôle des nuages, et le papier le plus spectaculaire sur cette question est peut-être celui de John Mitchell et de Catherine Senior du Hadley Centre for Climate Prediction and Research en 1993. Dans leur modèle, ils avaient modifié un élément de représentation des nuages

1. S. Solomon, K.H. Rosenlof, R.W. Portmann, J.S. Daniel, S.M. Davis, T.J. Sanford and G.K. Plattner, « Contributions of Stratospheric Water Vapor to Decadal Changes in the Rate of Global Warming », *Science*, 327, 2010, pp. 1219-1223.

– la température où s'effectuait le passage des nuages d'eau en nuages de glace – et ils sont passés d'un modèle qui prédisait 5,3 °C de réchauffement pour un doublement du CO_2, à un modèle qui prédisait 1,9 °C. Mitchell et Senior représentent le groupe qu'on taxe le plus d'être des « réchauffistes » acharnés, au service d'un laboratoire qui aurait vendu son âme au CO_2. Ils n'avaient pas hésité à publier ces travaux, qui avaient illustré de manière très brutale les incertitudes des modèles.

Olivier : Où en est-on d'ailleurs de l'incidence de la forme des nuages ?

Hervé : On a avancé, sans toutefois atteindre des conclusions fermes. Nous avons beaucoup plus d'informations, beaucoup plus d'analyses, mais on ne sait pas encore dire si les nuages amplifient les changements climatiques et de combien. Il y a toutefois de nouveaux satellites (ceux de l'A-train par exemple) qui ont été lancés ces dernières années pour étudier la question des nuages, et il y a beaucoup de recherches en cours sur ce point. On en attend des progrès significatifs et ce sera d'ailleurs l'un des éléments centraux du prochain rapport du GIEC en 2012.

Olivier : Donc il n'est pas encore exclu que l'on puisse découvrir que certains types de nuages ont un effet de régulation par rétroaction négative, en neutralisant ou atténuant le phénomène de manière assez forte ?

Hervé : Il devient difficile d'imaginer qu'un tel effet puisse avoir des conséquences aussi importantes au niveau global, même si bien sûr il faut travailler sans rien exclure – le rôle des stratus par exemple reste mal compris.

Sylvestre : Parce qu'il faudrait que cet effet de rétroaction négative soit déjà à l'œuvre.

Hervé : Oui, et parce que beaucoup de processus et d'observations qui contraignent la représentation des nuages sont déjà inclus dans les modèles : on ne peut pas laisser aller son imagination librement.

La modélisation du rayonnement solaire

Olivier : Une autre question m'a toujours paru empiriquement extrêmement importante dans la « controverse » lancée par des climato-sceptiques comme Allègre ou Courtillot, c'est que si les variations du rayonnement solaire étaient l'élément déterminant du réchauffement observé, cela devrait réchauffer toute la colonne atmosphérique, de la basse atmosphère jusqu'à la haute atmosphère ; et si l'effet de serre est l'élément déterminant, il devrait y avoir un effet asymétrique entre la troposphère et la stratosphère : ça réchaufferait en dessous et ça refroidirait au-dessus. Or, il semble, selon les mesures effectuées, qu'il y a bien un effet asymétrique. Donc l'affaire devrait être réglée ! Ce que je viens de dire est-il correct ? Est-ce aussi simple et aussi définitif, ou l'affaire est-elle encore en suspens ?

Hervé : Si tu enlèves le « donc l'affaire devrait être réglée », c'est bien cela ! Ce sont comme toujours des mesures difficiles à faire, des tendances qui ne sont pas si faciles que ça à établir, et l'on a encore beaucoup à apprendre sur la stratosphère, mais c'est bien comme cela que ça se présente.

Jérôme : Il y a quand même une pondération à apporter, c'est le fait que la diminution de l'ozone dans la stratosphère a aussi joué un rôle sur ce refroidissement stratosphérique. La baisse de température de la stratosphère est liée à la fois à un effet du CO_2 (qui absorbe de l'énergie infrarouge dans les basses couches de l'atmosphère et en réémet beaucoup moins vers les couches supérieures, génèrant ainsi un refroidissement de la stratosphère quand il s'accroit) et à la fois à la diminution de l'ozone stratosphérique. En effet, l'ozone stratosphérique absorbe le rayonnement solaire dans l'ultraviolet ; moins d'ozone conduit donc à une diminution du réchauffement de cette couche d'air. Son effet est dominant dans la basse stratosphère, autour de 25 km d'altitude. Alors que l'effet dominant de refroidissement dû à l'augmentation du CO_2, on le trouve à plus haute altitude, autour de 40 à 50 km. Dans les simulations qui prennent en compte les deux effets, l'effet dominant est le CO_2, mais il ne faut pas oublier qu'il y a quand même cet autre effet « anthropique » (puisque la diminution de l'ozone est due principalement aux émissions de chlorofluorocarbones ou CFC) qui intervient sur la tendance de la température à haute altitude.

Olivier : Par conséquent, il faut que ceux qui pensent que le Soleil est responsable de tout expliquent pourquoi on a quand même un refroidissement dans la stratosphère et au-delà, sauf à tout mettre sur le dos de la diminution de l'ozone. Est-ce qu'ils ont réussi ?

Hervé : Je ne connais pas d'études à ce sujet, on est un peu loin de mon domaine de spécialité.

Olivier : Il me semble important de répondre clairement sur ce point, car un énoncé dépend de la théorie qu'il y a dans les modèles et si elle n'est pas bonne et que l'on oublie des choses, les modèles disent des choses fausses. Donc le fait que l'on passe par des modèles n'est pas en soi un élément de preuve. En revanche, sur une question controversée comme celle-ci, pouvoir vérifier par l'observation ce qui est vrai me paraît essentiel.

Jérôme : Sur le rôle du Soleil, il faut également tenir compte du rôle des rétroactions. Le Soleil force le même système climatique que le CO_2, donc s'il y a par exemple une rétroaction des nuages par rapport au CO_2, la même rétroaction par rapport à un forçage solaire variable doit s'appliquer aussi. Le jeu qui consiste à attribuer le changement climatique actuel plutôt au Soleil, c'est un jeu qui oblige à trouver des rétroactions qui n'interviennent pas *via* le CO_2.
C'est pour ça qu'il y a ce débat sur l'effet du champ magnétique solaire qui influencerait le flux de rayons cosmiques – ce qui est effectivement complètement indépendant du CO_2 –, lequel pourrait à son tour intervenir sur la formation de nuages en produisant un nombre variable de noyaux de condensation pour la vapeur d'eau. On aurait donc un lien indépendant du CO_2, entre le Soleil et une réponse climatique. On passera outre ici le fait qu'une théorie comme celle-ci aura bien du mal à expliquer les successions de glaciations et de périodes interglaciaires...
Donc il y a bien une autre théorie en pointillé, qui n'est pour l'instant pas vérifiée.

Les travaux récents de Kulmala et *al.*[1] par exemple, n'ont montré aucune corrélation significative entre le flux de rayons cosmiques et la formation des aérosols, avec des observations couvrant toute la durée d'un cycle solaire. Il y a actuellement une expérience (l'expérience CLOUD) en cours au CERN (Organisation européenne pour la recherche nucléaire) pour étudier le lien possible entre les rayons cosmiques galactiques et la formation des nuages. On verra bien ce qu'il en sort… C'est le seul fil que je connaisse qui essaie de mettre en place un schéma physique d'évolution du climat qui ne soit pas en lien avec les rétroactions qui s'appliquent sur le CO_2. Mais de toute façon, le forçage du CO_2 est bien là, et il est incontournable, c'est l'effet de serre sans lequel on ne serait pas là autour d'une table vu qu'il n'y aurait pas de vie sur Terre !

Hervé : C'est très intéressant de voir que sur ce problème du rôle du Soleil dans le changement climatique, il s'est créé une sorte de rupture dans la perception de la science à l'extérieur des laboratoires. La recherche sur le Soleil et son impact, qui est une recherche active dans nos laboratoires, est devenue comme une sorte de recherche d'opposition à une pensée dogmatique et dominante qui serait celle du GIEC. Et du coup, cette recherche a pris un caractère spécifique et est toujours placée au centre de controverses.
Je me souviens parfaitement d'une réunion sur le rôle climatique du Soleil organisée par Robert Sadourny et Élisabeth Nesme-Ribes en 1993 sous l'égide de l'OTAN où toute la communauté était présente – des gens de Météo France, le banc et l'arrière-banc des équipes de modélisation française. Il y a d'ailleurs toujours eu un accord pour juger très probable l'explication du « Petit âge de glace » des XVIIIe et XIXe siècle par le minimum de Maunder (disparition des taches solaires durant la période 1645-1715). J'étais moi-même co-auteur d'un papier à ce sujet. Or, il ne peut y avoir de séparation entre une science officielle et une science solaire qui serait à l'écart, cela n'a pas de sens.

1. M. Kulmala, , I. Riipinen, T. Nieminen, M. Hulkkonen, L. Sogacheva, H.E. Manninen, P. Paasonen, T. Petäjä, M. Dal Maso, P.P. Aalto, A. Viljanen, I. Usoskin, R. Vainio, S. Mirme, A. Mirme, A. Minikin, A. Petzold, U. Hõrrak, C. Plaß-Dülmer, W. Birmili and V.-M. Kerminen : « Atmospheric data over a solar cycle: no connection between galactic cosmic rays and new particle formation », *Atmos. Chem. Phys.*, 10, 1885 1898, doi:10.5194/acp-10-1885-2010, 2010.

D'ailleurs le satellite Picard, lancé en juin 2010 et destiné à la mesure du rayonnement solaire, est un projet du LATMOS, laboratoire de l'IPSL, longtemps soutenu par Gérard Mégie (fondateur de l'IPSL et ancien président du CNRS).

Sylvestre : Le comique de l'affaire, c'est que maintenant, pour des gens comme Allègre, tout scientifique qui travaille sur les relations Terre-Soleil est nécessairement un dissident de la « méchante » science officielle. Et le résultat de cette façon de voir les choses, c'est que quand il fait la liste dans son livre des grands scientifiques dissidents du GIEC, il cite à tort des scientifiques tels que l'astrophysicien Thierry Dudok de Wit de l'université d'Orléans.

Isabelle : Ce biais contribue donc au brouillage de certains climatosceptiques pour faire faussement apparaître l'influence du rayonnement solaire comme une alternative possible pour expliquer le réchauffement climatique, alors qu'il a toujours été inclus dans les modèles.

Hervé : Bien sûr qu'il a toujours été inclus : il fait partie du système climatique – même si on ne comprend certainement pas tout de son rôle.[1]

D'incertitudes en confusions

Isabelle : Parmi les incertitudes – légitimes en science – utilisées pour semer le doute dans l'opinion publique, on retrouve l'amalgame des incertitudes des modèles météorologiques et climatiques. Quelles sont les différences et les similarités de ces modèles ?

Jérôme : La physique de base est la même, c'est celle de la dynamique des fluides en milieu tournant, sous l'effet de forçages radiatifs et en appliquant les lois de conservation de la masse, de l'énergie et du moment. Par conséquent, les mêmes équations de physique sont implémentées dans les modèles climatiques et météorologiques

Hervé : Il n'y a pas que les aspects dynamiques qui sont identiques :

1. Sur le rôle du Soleil dans le réchauffement climatique, voir le site de l'astrophysicien Thierry Dudok de Wit (NdÉ) : http://lpce.cnrs-orleansfr/~ddwit/ddwit/Research_Recherche.html

le calcul des forçages radiatifs se fait en suivant des équations physiques qui sont les mêmes, la physique des sous-systèmes (nuages, végétation) utilise des équations statistiques qui sont également les mêmes dans les modèles météorologiques et climatiques.

Jérôme : En revanche, l'une des principales différences, c'est qu'en météorologie, on procède à ce que l'on appelle de « l'assimilation de données », c'est-à-dire que l'acquisition en temps réel des données météorologiques permet de faire évoluer la prévision aussi en temps réel, ce que l'on ne fait pas avec les modèles climatiques. En fait, ce qui différencie fondamentalement les deux types de modèles, ce sont les échelles de temps et d'espace auxquelles on travaille. Dans les modèles climatiques, on ne peut pas faire les calculs au degré de finesse géographique de celui des modèles météorologiques, en raison des temps de calcul formidablement longs que cela imposerait. On est obligé de passer par des paramétrisations, c'est-à-dire par une représentation d'un phénomène donné *via* des équations simplificatrices.

On entend souvent, dans certaines mouvances climato-sceptiques, affirmer que les modèles climatiques ne sont pas testés, et que l'on fait des «prévisions» (alors qu'il s'agit de projections) sans savoir dans quelle mesure on peut les croire. Or il y a des analogues planétaires, telles que les planètes Mars et Vénus, que l'on a mises en équations suivant les mêmes principes : dynamique des fluides, forçage lié à l'irradiance solaire, forçage lié à la présence d'aérosols et de gaz particuliers dans l'atmosphère..., on fait tourner les mêmes équations, on regarde les résultats et on voit bien que ça marche pas mal : on est effectivement capable d'expliquer pourquoi à la surface de Vénus il fait environ 470 °C avec entre autres une pression de l'ordre de 95 bar de dioxyde de carbone dans l'atmosphère. Donc l'argument selon lequel les modèles climatiques ne sont pas validés dans d'autres conditions ne tient pas. C'est vrai que dans ces autres cas d'étude planétaires on n'a pas tous les paramètres qui interviennent dans le climat terrestre, puisqu'il n'y a pas de biosphère à la surface de Vénus ou de Mars, qu'il n'y a pas les mêmes rétroactions avec la vapeur d'eau, puisqu'il n'y a plus de vapeur d'eau dans l'atmosphère de Vénus et très peu dans celle de Mars... mais on peut déjà en tester un certain nombre.

Olivier : Je voudrais ici souligner quelque chose qui n'est jamais mis en avant, c'est qu'à l'appui de la « thèse » du changement climatique d'origine anthropique il n'y a pas seulement l'observation d'un changement de climat pendant le XXe siècle, ni l'observation des évolutions connues durant les millénaires passés et révélées par les bulles des carottes de glace... il y a une théorie physique que jusqu'à maintenant même Claude Allègre ne conteste pas. Donc si on ne croit pas au changement climatique entraîné par l'accroissement de gaz à effet de serre (GES), il faut arriver à faire des modèles qui prouvent que cet accroissement n'entraîne pas de changement, tout en étant compatibles avec cette théorie physique. Il faut quand même produire quelque chose qui tienne scientifiquement pour s'opposer à ladite « thèse ».

Jérôme : C'est vrai, et c'est une remarque essentielle. Le débat scientifique se nourrit de théories contradictoires. Aujourd'hui, dans le discours climato-sceptique à base scientifique, la seule théorie contradictoire que l'on voit poindre est basée sur un rôle naturel du Soleil qui interviendrait par des rétroactions différentes de celles s'appliquant au forçage radiatif des gaz à effet de serre – rétroactions qui pour l'instant ne sont pas du tout maîtrisées sur le plan physique. Alors bien entendu, on peut toujours élucubrer sur cette théorie, mais aujourd'hui on ne dispose pas de théorie contradictoire qui permette d'aller à l'encontre de la réflexion autour du rôle de l'effet de serre, tout en étant solide.
De la même manière, on entend souvent le contre-argument suivant : « Regardez les changements glaciaires/interglaciaires, c'est la position de la Terre autour du Soleil qui est à l'origine de ces changements. » Et c'est vrai, cela n'a d'ailleurs jamais été nié, c'est même le facteur déclenchant. Mais cela n'a rien à voir avec le changement climatique en cours.

Olivier : Il y a le même discours avec la vapeur d'eau : le changement climatique serait dû à la vapeur d'eau et pas au CO_2 !

Jérôme : Oui, c'est une confusion très courante, dans laquelle on oublie que la vapeur d'eau dans l'atmosphère ne change pas spontanément. D'abord une clarification : oui, la vapeur d'eau est le principal gaz à effet de serre, les climatologues n'ont jamais dit le contraire et on le sait depuis les mesures pionnières de l'Irlandais John Tyndall au milieu du XIXe siècle[1]. Mais il faut un changement du climat pour que le contenu en vapeur d'eau de l'atmosphère change. La relation de Clausius-Clapeyron nous dit que la pression partielle de vapeur d'eau à saturation dans l'air augmente à condition que la température augmente. Comme la source de vapeur d'eau est pratiquement infinie avec les océans, un climat plus chaud va faire que l'atmosphère contiendra plus de vapeur d'eau (si l'humidité relative demeure constante), conduisant donc à un effet de serre renforcé. Mais c'est une rétroaction, pas un forçage – contrairement au CO_2 d'origine anthropique.

Ensuite, il y a une autre confusion assez courante sur la vapeur d'eau et les nuages. Les nuages sont constitués de vapeur d'eau condensée – et non de vapeur d'eau ! Eux aussi participent à l'effet de serre général, dans le sens où ils absorbent et ré-émettent le rayonnement infrarouge en provenance du sol. On s'en rend bien compte après une nuit nuageuse : la température au petit matin est bien plus clémente qu'après une nuit de ciel clair. Mais les nuages interceptent aussi la lumière en provenance du Soleil, ce qui produit un refroidissement de la surface terrestre – effet également expérimenté par tout le monde. Ce qui fait que l'effet net des nuages est complexe. Il dépend de nombreux facteurs : distribution en taille des gouttelettes d'eau, eau liquide ou glace, altitude et épaisseur des nuages…

Hervé : Oui, j'ai constaté qu'il se dit beaucoup de choses erronées concernant le fait que les modèles climatiques ne contiennent pas le cycle de l'eau, ni de représentation explicite des nuages. Lors d'une récente conférence, à Sceaux, une personne du public n'a de tout évidence pas voulu me croire quand je lui ai dit que j'avais fait ma thèse sur ce sujet, et que je pouvais garantir que ces éléments étaient bien pris en compte dans nos modèles.

Sylvestre : Tu n'as plus qu'à l'inviter à Jussieu pour lui montrer les lignes de code de ton modèle. Mais c'est vrai que dans l'espèce de campagne presque permanente de suspicion sur une science qui serait tricheuse, trompeuse, officielle au sens où

1. John Tyndall et *al.*, *Sur les origines de l'effet de serre et du changement climatique*, éditions la ville brûle, 2010, pp. 111-170.

« on vous cache tout et on ne vous dit rien parce qu'on a le pouvoir », il y a la répétition d'un certain nombre d'affirmations qui sont à peu près toujours les mêmes : « le climat a toujours changé », certes et cela n'a jamais été contesté ; « les mesures de température sont truquées » ; « la reconstitution des températures passées ont été truquées par Michael Mann » ; « les modèles ne tiennent pas compte de la vapeur d'eau, ni du Soleil », etc. Que des gens tombent sur ce type d'affirmations le soir en rentrant du travail et soient dupés, c'est compréhensible, mais qu'on les retrouve dans la bouche d'universitaires dans le domaine des sciences de la Terre, c'est plus inquiétant.

Hervé : C'est vrai que des buzz circulent, comme celui sur le « Groenland vert ». À l'époque des Vikings, le Groenland n'a jamais été entièrement couvert de végétation, pas plus que l'Islande (littéralement « pays de glace ») n'a été entièrement couverte de glace. Le grand glacier groenlandais, d'une superficie trois fois supérieure à celle de la France et qui s'étend jusqu'à l'océan Arctique (car c'est ainsi que la glace s'écoule), s'est formé il y a des centaines de milliers d'années, voire des millions d'années. Nous savons, par les forages dans la glace, que cet immense glacier était bien là il y a plusieurs siècles, avec des conditions climatiques en surface peu différentes de celles observées aujourd'hui. Érik Le Rouge lui avait donné le nom de Groenland, qui signifie « pays vert », en référence à une étroite bande côtière recouverte d'une végétation de type toundra, pour faire la publicité de sa colonie et y faire venir d'autres colons. Et si cette colonie a disparu, c'est bien sûr à l'occasion de fluctuations naturelles du climat, mais qui n'ont pas nécessairement été très importantes. Elles ont suffi à couper le Groenland de sa métropole scandinave, dont les colons ont toujours dépendu au niveau économique.

Je rêve qu'une étude sociologique montre comment cette idée s'est propagée, car la façon dont les gens se sont appropriés cet argument est extraordinaire. J'ai vécu cela très souvent après mes exposés grand public. Une personne se lève et me dit : « Très bien, mais le Groenland vert, qu'est-ce que vous en faites ? », avec le sentiment de m'avoir mis en difficulté et de m'avoir littéralement mouché ! Je trouve cela très étonnant de voir comment toutes ces choses circulent et sont répétées.

D'autant que personne ne nie qu'il y a eu une variabilité climatique naturelle, ou que le Soleil ait pu jouer un rôle : cela ne change rien à l'apport possible des gaz à effet de serre dans les décennies à venir.

Sylvestre : La vraie raison, c'est que de nombreuses personnes ne veulent vraisemblablement pas « croire » au changement climatique actuel, même celles qui « savent ».

Des modèles faillibles, mais crédibles

Isabelle : Je crois que l'on a fait un bon tour d'horizon des modèles. Nous en retiendrons qu'un modèle ne donne qu'une tendance avec ses incertitudes, et que le malaise de certains scientifiques tient peut-être au fait que l'on veut faire dire aux modèles autre chose que ce qu'ils peuvent dire.

Hervé : La première fois que j'ai entendu parler de « modèle », c'était pendant mon cours de philo, en terminale, où l'on disait que c'était une conceptualisation du monde réel qui permettait de réfléchir sur le monde réel. Je crois qu'il n'a jamais été question d'autre chose, et que l'on n'est jamais sorti de ce rôle avec nos modèles.

Olivier : Je retiendrai aussi une chose importante, c'est que tous les modèles n'ont pas la même structure. C'est une qualité, car si tous les modèles étaient faits selon le même moule, avec les mêmes qualités mais aussi les mêmes défauts et les mêmes oublis, qu'il y en ait dix, quinze ou trente qui convergent sur le même résultat, cela ne voudrait rien dire sur leur véracité. Par contre, qu'il y ait des architectures différentes de modèles qui se soient saisies du problème et que finalement ils convergent vers les mêmes résultats, cela donne une véritable crédibilité à ces résultats.

Hervé : C'est vrai, mais pour être complètement honnête, je dois préciser qu'il y a des limites à cette convergence. On sait bien qu'il existe des biais, qui sont des biais sociaux. Une expérience très intéressante a été faite par le scientifique américain Bob Cess, au cours de laquelle il a utilisé un diagnostic de la sensibilité du climat à partir d'une analyse très simple de données satellites liant bilan radiatif et températures.

Que des architectures différentes de modèles se soient saisies du problème et que ces modèles convergent finalement vers les mêmes résultats, cela donne une véritable crédibilité à ces résultats.

Il propose en 1991 un diagnostic à vérifier pour le bilan global d'énergie de la planète : solaire plus infrarouge. Les modélisateurs testent et montrent une dispersion très grande des modèles qui affichent des résultats bien différents. Il recommence deux ans plus tard en se disant que les modèles ont dû s'améliorer et effectivement il trouve que tous les modèles sont alignés sur le résultat moyen. J'étais d'ailleurs l'un des rares à avoir un résultat très différent des autres. Du coup, il fait un diagnostic séparé, contribution de la partie solaire et de la partie terrestre, et il retrouve la même dispersion qu'au début – les modèles étaient restés très différents, mais les groupes s'étaient progressivement alignés sur le résultat moyen connu de tous. L'explication tient simplement au fait que nous avons tous un « réflexe social ». Ce que je veux dire, c'est que personne ne veut être le seul à être différent des autres. Donc les équipes modifient un peu les paramètres, jouent un peu sur certaines valeurs… Et puis c'est même plus que ça, c'est un jeu qui consiste à se dire : « Si je suis différent des autres, je me demande pourquoi, donc je trouve des choses, je trouve des processus auxquels je n'avais pas pensé… Et quand j'arrive à la norme, c'est que j'ai bien travaillé, c'est fini ! » Ce souci de fournir une explication quand on a des résultats différents peut conduire à uniformiser les points de vue, j'en suis persuadé. Et ça fait partie des choses qu'on doit s'efforcer d'analyser en permanence.

Olivier : Donc tout se joue sur le paramétrage dans ces cas-là ?

Hervé : Oui, on peut trouver quelques « boutons » pour ajuster un résultat global, mais les modèles sont tellement compliqués, ils ont une telle diversité d'effets – ils ne reposent pas sur une équation toute simple –, qu'il n'est pas possible de les « ajuster » simplement au monde réel, ou aux autres modèles. Donc on peut converger vers un chiffre pour le réchauffement global, mais cela n'a de sens que si cette convergence concerne aussi des résultats plus détaillés et plus complexes.

Jérôme : C'est pour cela qu'il est excessif de conclure aujourd'hui que l'on maîtrise suffisamment les sciences du climat (connaissances des processus biologiques, physiques et chimiques) pour passer entièrement à des études d'impact. Je pense qu'il y a encore beaucoup à faire, notamment sur la cryosphère qui est un exemple riche d'enseignements.

Que ce soit sur une calotte de glace ou sur la glace de mer en Arctique, puisque l'on a vu récemment les défauts des modèles sur la glace arctique...

Isabelle : C'est un message pour Hervé !

Jérôme : Un peu... Mais tout de même, entre trouver que les modèles doivent encore s'affiner et clamer que les modèles ne sont pas suffisamment bons dans leurs calculs de base pour dire ce qu'il va se passer dans les grandes lignes avec un doublement de CO_2, il y a un pas énorme. Il ne faut pas non plus me faire dire ce que je n'ai pas dit !

Isabelle : Donc on retiendra aussi que dans la problématique du climat, il est essentiel que le physicien travaille main dans la main avec le modélisateur.

Hervé : Il n'y a en fait jamais eu de séparation entre les deux. Nos modèles reposent sur des principes physiques – ce qui les distingue des modèles qui sont utilisés par exemple dans le domaine économique. C'est une incompréhension que je crois malheureusement très sincèrement partagée par beaucoup, et sur laquelle s'appuie la montée du scepticisme.

Isabelle : C'est vrai que le fonctionnement du laboratoire numérique et la transdisciplinarité qu'il requiert, est un véritable enjeu de la science actuelle.

Le GIEC : le défi de l'expertise collective

Trois groupes et un climat

Isabelle : Avant d'entrer dans les coulisses du Groupe d'experts intergouvernemental sur l'évolution du climat (GIEC), faisons un rapide tour d'horizon sur l'origine du GIEC, son fonctionnement, les spécificités des différents groupes...

Olivier : Le GIEC a été créé en novembre 1988 par l'Organisation météorologique mondiale (OMM) et le Programme des Nations unies pour l'environnement (PNUE) à la suite d'une recommandation du G7 (groupe de discussion et de partenariat économique des sept pays les plus puissants du monde de l'époque) décidant de prendre en compte le climat, et de conférences antérieures ayant eu lieu depuis la création du Programme de recherche mondiale sur le climat en 1980 – il y a eu deux conférences majeures lors desquelles il y a eu une expression publique des scientifiques pour dire aux politiques qu'il y a quelque chose de majeur qui en train de se faire, un changement climatique en relation avec la teneur en gaz à effet de serre (GES) dans l'atmosphère, etc. Et cette prise de conscience internationale d'un problème climatique à venir a abouti à la création du GIEC.

Le GIEC, dès le début, a été constitué en trois groupes de travail. Le premier groupe de travail a pour mission d'évaluer la science de base du climat. Le deuxième groupe de travail s'occupe à la fois des impacts éventuels sur les écosystèmes, sur les activités humaines, mais aussi des techniques d'adaptation et des réponses disponibles. Le troisième groupe de travail, dont l'existence a été au début plus incertaine que les deux premiers, est dit « socio-économique », mais il est finalement essentiellement économique et très peu « socio ». En fait, il n'y a quasiment pas de sociologie pour dire les choses comme elles sont ! Ce troisième groupe réunit des économistes parce que l'économie était la seule science un peu « dure » parmi les sciences humaines et donc plus aisément partagée à l'échelle internationale, mais aussi parce qu'elle se trouve en première ligne pour éclairer les déterminants des trajectoires d'émissions de GES ou les modalités instrumentales de l'action collective (réglementations, taxes, marchés de permis, engagements volontaires, information sur les produits, etc .). Le but du troisième groupe, dont j'ai évidemment plus regardé les travaux que les deux autres, était à la fois de faire des scénarios économiques débouchant sur des trajectoires d'émissions – puisque c'est quand même la variable d'entrée du problème selon la théorie la plus généralement acceptée –, et puis d'analyser ensuite les politiques qui pourraient être menées. Il s'agit alors, sans faire de recommandations, d'éclairer les questions : comment faire si on se décidait à agir et combien cela coûterait ? Cela a conduit à examiner un ensemble d'instruments, et les enjeux distributifs de ces instruments, etc.

Tout le monde, ou presque, considère que le groupe I fait du bon travail, mais que personne ne lit son rapport, que le groupe II produit des choses plus contestables sur les impacts et la technologie, et puis que le flottement idéologique serait surtout imputable au groupe III.

Or le groupe III fonctionne comme les autres groupes, même s'il est souvent la cible de critiques disant qu'il ne produit pas une science du même type que celle du groupe I et que par conséquent il ne devrait pas être redevable de la même procédure. Ce groupe s'est néanmoins astreint à la même exigence de méthode et ce, de mon point de vue, de manière assez positive. En économie, il existe divers courants théoriques, différentes écoles. Les économistes « libéraux » pensent que le marché est l'opérateur de référence pour toute question, même s'il existe une économie publique. D'autres sont évidemment plus nuancés, mais considèrent que les valeurs de marché doivent être prises en compte *in fine* car elles reflètent le mieux les préférences des individus. D'autres encore articulent leurs évaluations économiques, non pas seulement aux valeurs de marché observables mais aussi à des valeurs éthiques fondatrices de l'approche de l'économie du bien-être que l'on appelle « l'utilitarisme », qui consiste à évaluer chaque projet, chaque politique en fonction de ses conséquences attendues sur le bien-être – « l'utilité » – de tous les agents concernés.

Tout le monde, ou presque, considère que le groupe I fait du bon travail mais que personne ne lit son rapport, que le groupe II produit des choses plus contestables sur les impacts et la technologie, et que le flottement idéologique serait surtout imputable au groupe III.

Cet écart entre valeurs de marché et enracinement éthique fut l'une des sources importantes des controverses suscitées par les choix du rapport Stern[1] concernant le taux d'actualisation à employer pour comparer les coûts des dommages intervenant à des temps différents entre les années 2010 et 2200. À l'opposé, en nombre beaucoup plus restreint, on trouve des économistes que l'on va dire dissidents, critiques, anticapitalistes... Et puis il y a surtout les technico-économistes, c'est-à-dire ceux qui ont une base forte d'ingénierie et une approche des coûts très proche des coûts directs d'emploi des techniques – mais plus éloignée des coûts économiques complets qui intègrent des variables économiques et sociales comme les coûts de transaction associés à différentes formes contractuelles, les asymétries d'information, l'incidence de la fiscalité, les effets et déséquilibres macroéconomiques.

Ainsi, l'analyse des coûts de chaque politique considérée va évidemment dépendre de la classe d'économistes à laquelle on a affaire. Les économistes libéraux considèrent que la situation actuelle n'est pas loin de l'optimum, s'il n'y avait les perturbations intempestives provoquées par les actions publiques, et donc que tout écart supplémentaire introduit par une politique publique porteuse de contraintes est forcément coûteux en termes de bien-être des consommateurs. Les technico-économistes, centrés sur la technique et l'ingénierie, considèrent au contraire que de nombreuses potentialités techniques peu coûteuses ne sont pas actuellement utilisées et seraient intéressantes à mettre en œuvre même s'il n'y avait pas de problème climatique. D'où l'expression fréquemment utilisées de stratégies « sans-regrets ». Bien que directement rentables, ces techniques ne sont pas mises en place en raison d'obstacles

1. Ce rapport commandé par le gouvernement du Royaume-Uni visait à faire le point sur l'ensemble des aspects du problème climatique, en insistant sur l'évaluation économique des scénarios envisagés et sur les choix de politiques nationales et internationales à promouvoir pour rester dans les limites d'un scénario de concentrations atmosphériques des GES ne dépassant pas les 550 ppm. Le retentissement de ce rapport est surtout dû à son évaluation économique des dommages qui résulteraient d'une stratégie d'insouciance climatique ; ils pourraient être, sur un horizon indéterminé, c'est-à-dire « pour l'éternité », d'un poids du même ordre que celui qu'ont représenté les deux guerres mondiales et la crise économique de 1929 pour le XXe siècle. Voir N. Stern (dir.), *The Stern Review Report: the Economics of Climate Change,* October 30, London, HM Treasury, 603 p., 2006.

institutionnels, réglementaires ou culturels, ou par manque d'information des gens…

Isabelle : Tu peux donner un exemple significatif ?

Olivier : Par exemple, en matière énergétique, on pourrait faire nombre d'améliorations techniques pour l'isolation des bâtiments. Au prix actuel du pétrole, beaucoup de gens auraient déjà intérêt à mieux isoler leur maison.

Isabelle : Mais il me semble que ce type d'argument est maintenant rentré dans toutes les têtes.

Olivier : Oui, peut-être dans les têtes, mais ce n'est pas fait pour autant de manière systématique dans la réalité. Il y aurait des possibilités d'améliorer l'efficacité énergétique au niveau de la demande finale, par exemple d'avoir des dispositifs de régulation – des systèmes électroniques qui une fois mis en place ne coûtent plus grand-chose – dans toutes les maisons, ce qui permettrait de réaliser d'importantes économies d'énergie. De nombreux technologues, notamment en Californie, nous expliquent comment faire des changements radicaux pour pas cher. Mais évidemment, les économistes, les « vrais », les autres, disent : « Oui mais attendez, il faut des mécanismes de marché, des dispositifs institutionnels, réglementaires, nouveaux, coûteux à mettre en place ; il y a de l'inertie à prendre en compte, il y a des asymétries d'informations… », enfin toute l'économie réelle qui fait que la solution technique ne va pas pénétrer aussi aisément que ça même si elle est jugée valable par des calculs d'ingénieurs. Dans ce contexte, le grand intérêt de la méthode du GIEC a été d'obliger ces différentes catégories d'économistes à se confronter, à discuter et même à écrire ensemble. En soulignant les points sur lesquels, malgré leurs diverses inspirations théoriques, ils s'accordaient néanmoins et aussi les points de divergence maintenus.

Isabelle : Et parmi les économistes du groupe III, y a-t-il aussi des financiers ?

Olivier : Ce sont essentiellement des universitaires ou chercheurs académiques, mais il y a bien entendu des économistes qui peuvent travailler pour des banques ou des branches professionnelles. Le critère demeure celui des publications académiques.

Ainsi beaucoup d'économistes qui travaillent sur le sujet sont des spécialistes qui travaillaient auparavant dans l'économie de l'énergie, puisque – on l'a déjà dit – climat et énergie, c'est un peu le recto et le verso de la même question. Parmi ces économistes, je pense par exemple à Richard Richels, un économiste qui travaille aux États-Unis pour l'Electric Power Research Institute (EPRI), et qui est donc lié au milieu professionnel et aux intérêts des producteurs d'électricité de ce pays. C'est un bon économiste, qui publie dans les revues académiques et qui a été *lead author* du groupe III du GIEC pour les rapports de 1995, 2001 et 2007. Effectivement, il n'y a pas seulement des économistes de l'université qui participent aux travaux du GIEC, il y a des gens compétents et qui publient, même s'ils ont des attaches variées, surtout dans d'autres systèmes que le nôtre, en France. Il peut également y avoir des gens qui sont liés à des ONG, comme le WWF ou l'Environmental Defense Fund par exemple, qui publient dans des revues académiques et qui de ce fait voient leurs travaux pris en compte. Depuis sa création, le GIEC a rendu quatre rapports, en 1990, 1995, 2001, 2007 et un cinquième rapport est en cours de préparation pour 2012.

Une réponse scientifique à une demande politique

Isabelle : Comment s'organise le travail du GIEC ?

Olivier : Le travail du GIEC, c'est avant tout une revue par les pairs de l'ensemble des publications scientifiques, techniques et économiques disponibles à l'échelle internationale pendant une période donnée. Mais comme il s'agit d'un groupe intergouvernemental, et non pas international, les participants sont des représentants proposés par chaque gouvernement et choisis de façon ultime par le Bureau du GIEC dont les membres sont élus pour la durée de préparation d'un rapport (5 à 6 années). Le Bureau se compose du président du GIEC, des coprésidents des trois groupes de travail et du Bureau de l'équipe spéciale pour les inventaires nationaux de gaz à effet de serre, des vice-présidents du GIEC et de ceux des groupes de travail. Le Bureau du GIEC compte 31 membres en 2010. Il y a une structure hiérarchique de rédaction pour assurer l'avancement des rapports. Les auteurs principaux de chapitres sont d'abord choisis par le Bureau, en distinguant les *coordinating authors* (responsables des chapitres), les *lead authors* (auteurs des chapitres) et les *contributing authors* (spécialistes d'appoint). Ensuite il y a les *reviewers* (ou relecteurs) et les commentateurs.

Hervé : Il faut aussi noter que le GIEC organise des assemblées plénières, où sont déterminées à l'avance les questions que le rapport devra traiter. Cette façon de procéder me parait légitime dans la mesure où une représentation intergouvernementale participe à ces assemblées. Autrement dit, il y a un découplage clair entre la commande politique et le travail du GIEC.

Isabelle : Qui rédige cette commande ?

Hervé : Elle est mise en forme par le Bureau du GIEC.

Isabelle : Ce Bureau étant constitué de scientifiques, la commande est tout de même bien dotée d'une certaine pertinence scientifique ?

Hervé : Oui, ce sont des scientifiques, même s'ils sont choisis à un niveau politique. À mon sens, il faut considérer cette première phase comme une phase de traduction, de mise en forme des objectifs et des questions auxquelles le rapport doit répondre. Le Bureau organise ensuite un *scoping meeting:* il invite un petit nombre de scientifiques par pays pour une sorte de préréunion qui les aidera à mieux définir le contenu des différents chapitres. Ensuite est fait un appel à auteurs (cela ne se passait pas comme ça dans les deux premiers exercices du GIEC), suivi de la sélection des auteurs au niveau international et de la désignation des *coordinating authors* (deux par chapitre), des *lead authors* (entre cinq et quinze selon la taille des chapitres), et des *review editors* (également deux par chapitre) dont le rôle est de contrôler que les règles internes du GIEC sont respectées. Toutes ces personnes sont nommées sur curriculum vitae.
Par la suite, chaque groupe se réunit quatre fois en deux ans avec les *lead authors* et les *coordinating authors,* et chaque réunion correspond à une phase nouvelle de la rédaction : il y a l'initialisation, puis trois versions successives. Les réunions sont faites par groupe (groupe I, groupe II, groupe III) et dans

chaque réunion on consacre beaucoup de temps à chaque chapitre. Ce qui marche bien pour l'instant dans le GIEC, c'est d'arriver à l'intérieur de chaque groupe à ce que les chapitres « se parlent », et que les réunions de chapitre soient faites en liaison les unes avec les autres pour s'assurer qu'il n'y a pas de duplication. Pour en finir avec l'organisation du travail, il y a aussi les *contributing authors,* qui n'ont pas le même statut. Ils sont cités dans le document, mais ils ne sont pas nommés par ces étapes d'appel à CV. Ce sont des spécialistes que les auteurs vont solliciter pour répondre à des questions très pointues, et qui vont ainsi apparaître dans le rapport de manière explicite.

Du rapport d'évaluation au résumé pour décideurs : le prix du consensus

Hervé : Concernant la rédaction même du rapport, il y a trois réécritures, ponctuées de soumissions à revue. Dans la première réunion, on définit un plan du chapitre, on commence à rédiger, on fait une première version martyre, qui est soumise pour revue (on appelle ça la « revue amicale » ou *friendly review*) à des collègues que l'on estime – et qui nous font généralement tout refaire ! À la deuxième réunion, on arrive donc avec un nouveau texte que l'on discute, et qui cette fois va être soumis pour une vraie revue – moins amicale – ouverte à tous les scientifiques qui le souhaitent, quelle que soit leur spécialité, ils doivent uniquement donner leur nom et leur affiliation.
Les commentaires ne sont pas anonymes, à la différence des blogs où sous couvert d'anonymat les gens sont plus facilement agressifs. Il y a bien sûr des remarques ponctuelles de personnes s'indignant du fait qu'on ait oublié leur contribution extrêmement importante sur le sujet... Mais d'une certaine manière c'est bien, car cela permet d'être sûr de n'oublier aucune étude importante.

Isabelle : Et vous suscitez beaucoup de remarques ?

Hervé : Oui, il y a énormément de remarques.

Olivier : Les gouvernements aussi rédigent des commentaires comportant questions et demandes de modifications.

Hervé : Effectivement, c'est la troisième phase, durant laquelle le texte est ouvert aux experts gouvernementaux. L'idée de cette phase n'est pas de faire un document politique, tous les experts – ou presque – sont scientifiques, mais bien de susciter une contre-expertise au niveau des différents pays. En France, cette version pour relecture a été transmise à l'Académie des sciences. Et il faut ensuite répondre une à une à toutes ces questions, et dire vraiment clairement si on les a prises en compte ou non et pourquoi. C'est un travail extraordinairement long, fastidieux et pénible. Et ce n'est qu'une partie du boulot, puisqu'après il faut encore réécrire le texte.

Isabelle : Cette partie de questions/réponses prend combien de temps ?

Hervé : Quelques mois. Les réunions qui rythment le travail ont lieu tous les six mois. Il faut utiliser ce temps pour répondre, resolliciter des contributeurs si nécessaire et réécrire le texte. Et parallèlement à cette écriture des chapitres du rapport, une distillation de résumés se fait avec des auteurs choisis par les *chairmen* des groupes. Au fur et à mesure que le travail progresse, que l'on voit les premières versions des différents chapitres, que des graphiques émergent, on fait des réunions au cours desquelles chaque responsable de chapitre vient montrer ses graphiques emblématiques et ses résultats frappants. Et à partir des résultats importants énoncés lors de ces réunions générales, un petit groupe de personnes nommées par les *chairmen* va rédiger les résumés.

Isabelle : À qui sont destinés ces résumés ?

Hervé : Il y a deux résumés : le résumé technique, qui est déjà assez long et qui est donc moins lu ; et le résumé pour décideurs qui est voté ligne par ligne, et constitue l'étape finale du processus, dans une assemblée de type Nations unies, en présence de représentants de chaque gouvernement.

Isabelle : Qui sont exactement ces représentants des délégations gouvernementales ? Des scientifiques, des politiques ?

Hervé : Non il n'y a pas de politiques, ce sont des experts nommés par chaque gouvernement, et si ce ne sont pas nécessairement des scientifiques, c'est presque toujours le cas. Pour le troisième rapport du GIEC, j'ai participé à la réunion finale en tant qu'expert français, aux côtés de Jean Jouzel.

Isabelle : Ça change un peu l'idée que j'avais du résumé pour décideurs. Je croyais qu'il était voté ligne par ligne par une assemblée mixte de scientifiques et de politiques.

Hervé : Non, ceux qui votent le font en tant que représentants des gouvernements.

Isabelle : Mais quand tu votes une phrase, tu le fais en tant qu'Hervé Le Treut ou en tant que représentant du gouvernement français ?

Hervé : Je n'ai jamais reçu de consignes, mais c'est évident que cela dépend des pays. La manière dont je comprends ces étapes finales c'est que les seules formes de contre-expertises possibles, pour cet exercice international, sont les expertises nationales. Il est évident que certains pays avaient plus préparé la réunion que d'autres (je pense par exemple aux collègues chinois, qui ne me semblaient pas intervenir au hasard). Ce qu'il faut également savoir, c'est que ce n'est pas un vote à la majorité des voix. C'est une recherche de consensus et tout le monde doit être d'accord sur chaque phrase…

Olivier : Les intérêts des uns et des autres étant absolument contradictoires, le résumé pour décideurs ne peut pas être manipulé. Il peut en revanche être biaisé dans sa tonalité d'ensemble, dans le sens du plus petit commun dénominateur. Autrement dit, loin de véhiculer une vision catastrophiste du problème climatique, ce résumé tend au contraire à ne garder que des formulations qui, tout en étant en phase avec le corps du rapport – puisqu'il s'agit d'un résumé de ce rapport –, conduit plutôt à une sous-estimation du problème par rapport à ce qui ressort de la grande majorité des publications scientifiques qui en constituent la matière première.

Sylvestre : Il faut tout de même préciser ce point. Effectivement, il semble impossible que les différents représentants des gouvernements se mettent d'accord sur un texte. Mais c'est rendu possible par la règle fondamentale suivante : le résumé pour décideurs ne peut comporter que des choses qui figurent dans les rapports complets. Cela peut sembler idiot de dire ça puisque c'est un résumé. Mais l'astuce consiste à suivre cette règle de manière extrêmement stricte. Par conséquent, si l'on veut réécrire une phrase dans un sens qui ne figure pas dans le rapport complet, ou si l'on veut rajouter quelque chose en dernière minute, ce n'est pas possible. J'ai assisté en 2007 à Paris à la finale du groupe I. Il y a bien entendu des négociations en coulisses sur certaines formulations et on voit bien après, quand on lit le résumé, les termes qui résultent d'une certaine négociation.

Isabelle : Peux-tu donner un exemple concret ?

Hervé : Par exemple sur le Soleil, il y avait une formulation qui ne satisfaisait pas, si je me souviens bien, des collègues chinois. Le *chairman* de l'assemblée générale ne pouvant pas conclure, a fait se réunir tous ceux qui n'étaient pas satisfaits par la formulation dans une salle avec un médiateur et leur a donné quelques heures pour revenir avec une proposition. Il y a eu une dizaine ou une vingtaine de concertations de ce type sur des points de désaccord.

Sylvestre : Mais à chaque fois qu'il y a eu irréductibilité du désaccord sur un point quelconque, à la fin de la journée un consensus a été trouvé et toutes les délégations gouvernementales ont validé l'ensemble du texte.

Hervé : Dans les premiers exercices du GIEC, la règle n'était pas aussi stricte. Elle est progressivement devenue impérative parce que les critiques portaient sur ces résumés. À la fin du deuxième rapport, un scientifique du nom de Ben Santer avait été accusé d'avoir fait une modification après que la cloche ait sonné. Et il a été la cible d'attaques virulentes, un peu à l'image de celles subies actuellement par Phil Jones, qui l'ont énormément affecté. Récemment encore, il a subi des menaces personnelles. Tout ce climat de tension a convaincu les responsables du GIEC que l'on ne pouvait autoriser aucun flottement sur la rédaction des résumés. Cette règle de traçabilité, contraignant le résumé à s'appuyer sur des choses incontestables qui figurent explicitement dans le document initial, est devenue une nécessité pour éviter la répétition de ces critiques.

En outre, pour l'aspect vulnérabilité des sociétés et impacts sur les sociétés (traité par le groupe II), le spectre des spéculations et des questions ouvertes est énorme. Or, c'est LA question principale. Ce que les citoyens ou les gouvernements demandent aux scientifiques, ce n'est pas quelle va être la composition chimique de l'atmosphère et le bilan radiatif en 2100. La question est simplement : « Est-ce que c'est grave docteur ? » Et si l'on regarde le groupe II du GIEC, l'éventail des disciplines qui devraient être réunies pour traiter cette question et le besoin de connaissances et de capacité à anticiper des changements à caractères technologiques, démographiques, économiques… montre bien que l'on est dans un domaine très flou. Donc on ne peut pas prendre les textes du groupe II comme on prend ceux du groupe I, parce que contrairement à ce dernier, la connaissance n'est pas mobilisée dans son entièreté. L'erreur sur la date de disparition des glaciers de l'Himalaya et les conséquences sur le débit des fleuves n'aurait jamais dû arriver, car la connaissance existe, elle est dans les manuels de géographie, mais elle n'a pas été mobilisée. Cela prouve d'ailleurs qu'il y a un énorme boulot à faire pour que le prochain rapport du groupe II soit de meilleure qualité. Ce qui ne veut pas dire que les gens qui ont participé au précédent rapport n'étaient pas bons, mais que le problème est beaucoup plus difficile à résoudre pour le groupe II.

Les défis à venir du GIEC et l'horizon des possibles

Hervé : C'est vrai qu'il y a une montée très forte de l'attente face au GIEC. Moi qui ai vécu les quatre exercices du GIEC, les deux premiers comme *contributing author* et ensuite comme *lead* et *coordinating author*, je peux dire que la pression a monté d'un cran. Et au moment de Copenhague, on entendait partout : « Il faut suivre les prescriptions du GIEC. » Ce qui me dérangeait très fortement, car la mission du GIEC c'est de donner des informations utiles à la prise de décision (d'être *policy relevant*) mais surtout pas de prescrire des solutions (pas d'être *policy prescriptive*). Et quand j'ai demandé à des politiques, après Copenhague, sur quelle base on distribuerait l'argent du fonds prévu pour l'adaptation des pays en voie de développement, on m'a répondu : « Sur les bases du GIEC. »

La question posée par les citoyens ou les gouvernements aux scientifiques, n'est pas celle de la composition chimique de l'atmosphère ou du bilan radiatif en 2100. Ce qu'ils veulent savoir c'est : « Est-ce que c'est grave, docteur ? »

Donc on voit bien qu'il s'est mis en place un système consistant à s'appuyer sur le GIEC de manière très directe pour prendre des décisions. Or ce n'est pas raisonnable. On ne peut pas demander à des scientifiques bénévoles, très pointus dans des domaines techniques, de porter des réformes qui impliquent la remise en question de nos modes de consommation, de systèmes industriels... Par conséquent, il y a une attente qui va trop loin, qui est en train de dépasser ce que peut ou doit faire le GIEC et je pense que c'est difficilement tenable. D'autant plus que l'expertise climatique – essentielle – doit quand même être remise dans son contexte : le climat est l'un des problèmes qui affectent le développement de la planète dans le futur, mais ce n'est pas le seul. On ne peut pas l'aborder sans solliciter aussi des expertises dans les domaines de la biodiversité, des ressources énergétiques, de la disponibilité en eau... Or, dans tous ces domaines, il n'y a pas l'équivalent d'un exercice international au même niveau que le GIEC. Du coup, cela crée une dissymétrie qui met en avant la dimension climatique d'une manière gênante.

Isabelle : Par conséquent, est-ce que la solution réside dans la constitution de groupes d'experts intergouvernementaux de chaque domaine ?

Hervé : Oui, je crois que l'on gagnerait à organiser l'expertise au niveau international, et à le faire le plus largement et le plus factuellement possible.

Isabelle : Mais au fond, l'exercice qui est demandé aux différents groupes c'est de faire une synthèse de l'état des connaissances du monde. Et ce qui me semble très inquiétant, c'est que les experts ont parfois du mal à trouver la littérature qui concerne leur sujet spécifique.

Hervé : Quand elle existe ! Parce qu'il y a de nombreuses régions du monde pour lesquelles on ne sait pas grand-chose et c'est l'un des problèmes du groupe II. On s'est alarmé du fait qu'une publication du World Wide Fund for Nature (WWF) soit citée dans un document du GIEC. C'est une violation des règles internes du GIEC et c'est donc une erreur. Mais il faut aussi comprendre d'où vient la tentation. Il y a des régions du monde où il n'y a pas beaucoup de scientifiques, et où la plupart des personnes qui assurent la conservation du milieu naturel, qui observent le milieu naturel, qui font des inventaires sont des ONG. Pour certaines régions d'Afrique, on pourrait dire qu'il n'y a pas de problème environnemental, présent ou futur, puisque aucun scientifique ne l'a établi. Il est alors tentant de se baser sur l'information dont on peut disposer, même si elle n'est pas réellement publiée selon les normes de la science. Ceci dit, même dans ce cas, il me parait fondamental de respecter des règles strictes qui encadrent l'écriture du rapport du GIEC – mais il faut comprendre les problèmes que cela pose.

Isabelle : Est-ce qu'il ne faudrait pas de nouveaux métiers pour reconstituer une connaissance hiérarchisée des sciences du climat ?

Jérôme : On ne peut pas réinventer le travail du GIEC, indispensable pour synthétiser une littérature scientifique extrêmement dense et variée. On peut peut-être mettre en place de meilleurs communicants de la science du climat vis-à-vis du grand public, mais le travail même de synthèse ne peut être fait que par des gens qui connaissent et maîtrisent les sciences du climat.

Olivier : Effectivement, il ne peut pas y avoir d'experts professionnels qui ne soient pas des scientifiques pour traiter du climat.

Hervé : Malheureusement, je pense que l'on est obligé d'en rester au bénévolat, parce que professionnaliser les experts, ce serait modifier trop profondément la nature du GIEC. En revanche, qu'il y ait une structure de relecture des textes et d'appui logistique qui soit digne de l'enjeu, je pense que c'est vraiment nécessaire.

Sylvestre : On est quand même très loin de la présentation que fait Claude Allègre des personnes travaillant pour le GIEC, comme étant des gens grassement payés pour aller se promener d'hôtels de luxe en hôtels de luxe, entre Bali et Copenhague !

Isabelle : On voit que le GIEC est une solution que vous pensez bonne pour l'avenir, avec quelques améliorations-adaptations éventuelles à faire, mais est-ce qu'il y a des alternatives possibles au GIEC, ou non ?

Hervé : Pour ma part, je pense qu'il faut renforcer le GIEC, améliorer son fonctionnement, et qu'il faudrait créer des groupes d'experts intergouvernementaux pour les autres domaines du développement durable.

Jérôme : Je pense surtout qu'il faudrait accélérer les choses. Je sais que c'est un travail énorme, et en plus bénévole, mais est-ce que l'on peut, dans l'état actuel des choses, « se contenter » d'un rapport tous les cinq ans ?

Sylvestre : Moi je dirais que si on veut améliorer les choses, il faut surtout ne pas réfléchir de manière monolithique sur les trois groupes. Je ne tomberai pas dans le risque et la proposition de Mike Hulme, l'un des collègues de Phil Jones, qui ressemble un peu à une tentative de sanctuarisation du groupe I pour lui éviter d'être mêlé à des polémiques. Mais très clairement, comme le GIEC n'est finalement qu'une structure d'aide à la décision, ce n'est peut-être pas nécessaire de vouloir en faire un « monstre ». Parce que ce dont on a besoin pour commencer à agir, c'est d'une bonne idée de l'ampleur du risque, qui donne d'ailleurs une bonne idée de ce qu'il faudrait faire au niveau mondial. Tout ce qui concerne les aspects d'ordre local, l'adaptation, etc., sont des décisions évolutives. C'est-à-dire que l'on peut prendre une décision générale pour que le paquebot dans lequel on est tous embarqués commence à infléchir un peu sa trajectoire, mais qu'ensuite des milliers de décisions seront prises année après année par des décideurs différents (des individus et des gouvernements), et que ces décisions n'ont pas besoin d'être déterminées par les rapports des groupes II et III du GIEC.
Donc il faut peut-être davantage focaliser les objectifs du groupe II sur les plus grands enjeux, et là je rejoins l'idée de Hulme de régionaliser le travail, par exemple sur les impacts. C'est vrai que les Canadiens ne se sentent pas très concernés par l'évolution des rendements agricoles au Kenya. D'accord, il y a un rapport avec les migrations climatiques, mais quand même…

Hervé : C'est vrai que la régionalisation du travail peut aider, et elle est d'ailleurs en cours de développement. Mais il y a un problème sur ce point, c'est que l'on ne peut pas laisser ces groupes fonctionner de manière isolée. C'est très difficile d'imaginer que cela puisse se faire en déconnexion complète d'un cadre international. D'après mon expérience de l'Amérique du Sud où j'ai des attaches personnelles, mais aussi celle de la France, je vois bien que quand les communautés scientifiques ne sont pas assez grandes, que les gens se connaissent très – ou trop – bien, il est difficile de donner à une structure d'évaluation suffisamment d'assise et de tenue. Elle peut dériver très vite…

LE DÉBAT CITOYEN

Passage obligé par le climato-scepticisme

Entre confusion, complot et mythe, que disent les climato-sceptiques ?

Isabelle : J'aimerais que l'on précise un peu le point de vue et les arguments des climato-sceptiques, au moins pour ceux qui sont désormais très médiatisés. Disent-ils qu'il n'y a pas de changement climatique ? Est-ce qu'ils disent qu'il y a un changement climatique mais qu'il est naturel ?...

Sylvestre : En fait, ces climato-sceptiques disent tout et son contraire : leur tactique, c'est le brouillage. Et c'est l'un des reproches majeurs que l'on peut leur faire au niveau de l'honnêteté intellectuelle.

Un exemple très simple : Vincent Courtillot, dans ses multiples conférences, passe un temps assez long à mettre en doute les reconstitutions des températures planétaires sur le xxe siècle, avec des termes assez injurieux pour les scientifiques qui font ce travail. Or, quand il fait une publication dans laquelle il veut mettre en relation l'évolution de la température au cours du xxe siècle avec, par exemple, l'activité solaire ou l'activité géomagnétique, il utilise ces mêmes courbes de température dont il prétend qu'elles sont mauvaises ! Il a d'ailleurs déclaré il n'y a pas très longtemps : « Oui, le climat de la Terre s'est effectivement réchauffé de 0,7 °C depuis un siècle, je ne le mets pas en doute. » C'est-à-dire que simultanément dans la même conférence, Vincent Courtillot dit que les reconstitutions de température ne valent pas un clou et un quart d'heure après, comme s'il n'avait rien dit, il s'appuie dessus pour faire une soi-disant démonstration en les mettant en relation avec la courbe d'un autre paramètre physique. Ce n'est pas sérieux ! Idem dans le discours de Claude Allègre : celui-ci dit simultanément que le CO_2 n'est pas un problème et que le CO_2 est un problème car il acidifie les océans et que dans son laboratoire il travaille sur la séquestration du CO_2.

Isabelle : Mais que signifie alors cette apparente confusion ?

Sylvestre : En réalité, la plupart des climato-sceptiques autoproclamés ne cherchent pas à participer à un débat intellectuellement organisé, qui segmente les problèmes de manière à les clarifier pour trouver des solutions, ou déboucher sur une question ouverte s'il n'y a pas de solution – ce qui est assez fréquent en science. Non, ces climato-sceptiques distillent un discours en direction du grand public dont l'objectif principal est de semer la confusion. Et de ce point de vue, je prendrai un exemple précis, celui de la fiabilité des reconstitutions de température sur le xxe siècle, parce que c'est l'un des grands « succès » au niveau du grand public de la « contestation » climato-sceptique. Les équipes qui, de par le monde, font ce travail pour reconstituer une courbe des températures sur les derniers 150 ans ne sont pas nombreuses. Il y a pour l'essentiel, même si certaines autres équipes y contribuent également, trois équipes : celle de Phil Jones de l'University of East Anglia (UEA) en Angleterre, celle de James Hansen du Goddard Institute For Space Studies (GISS) à la NASA (États-Unis), et le service de météorologie américain, le National Oceanic and Atmospheric Administration (NOAA), qui n'a pas de leader scientifique incarné. Ces trois équipes ont été confrontées à la même difficulté : comment retrouver les températures du début du xxe siècle, notamment dans l'hémisphère Sud et notamment en mer. Elles les ont recherchées dans les services météo nationaux, dans des enregistrements faits par des navires, etc. Il faut ensuite faire toute une série de corrections sur les valeurs des températures. Or une bonne part de ces données appartiennent aux services météo nationaux et peuvent avoir une valeur commerciale. Par conséquent, très souvent, ces équipes ont dû signer des accords de confidentialité les engageant à ne pas diffuser gratuitement à n'importe qui ce genre de données. Sur cette base-là, et alors même que 95 % des données sont publiques – toutes les données de l'ère des satellites, c'est-à-dire depuis le milieu des années 1970, sont publiques et offrent une excellente couverture de la planète – les climato-sceptiques entretiennent une rumeur selon laquelle d'une part on truquerait les données, et d'autre part on empêcherait les scientifiques qui voudraient les critiquer de travailler sur ces données.

Vincent Courtillot est un spécialiste de ce discours. Au lieu de consulter les 95 % de données publiques accessibles, il préfère demander à Phil Jones les 5 % de données de températures dont il sait pertinemment qu'on va lui répondre que l'on ne peut pas les lui donner comme ça, qu'il faut un accord... Devant ce problème et l'importance médiatique que cela prenait, les services météo, l'OMM et l'UEA ont pris la décision de faire en sorte que toute confidentialité soit levée pour que les données brutes puissent toutes être un jour disponibles. Mais en réalité, cela ne changera rien, on le sait d'avance, car si cela devait changer quelque chose il y aurait plus d'écart entre les différentes équipes. Il n'est pas possible d'imaginer qu'elles aient triché de manière coordonnée. En plus, on sait très bien que tous ceux qui disent vouloir critiquer les données ne le feront pas, tout simplement parce que c'est un travail de bénédictin. Il faut reconstituer, pour chaque station météorologique, en quelle année elle a été mise en service, dans quel contexte précis, si elle était bien isolée, s'il n'y a pas un bâtiment qui aurait été construit à côté et qui aurait modifié l'exposition au vent... Tout ce travail est ingrat, ne vaut aucune médaille scientifique à ceux qui le font, sauf quand au bout de cinquante ans on se rend compte que c'était quelque chose de fondamental. C'est mettre en cause d'une manière inacceptable l'honnêteté de ces gens que de répandre un tel discours sur le mode du complot sur un travail scientifique qui en réalité est parfaitement banal. Et chacun sait que lorsqu'un physicien fait des mesures préliminaires dans son laboratoire avec un matériel qui ne marche pas toujours, il est amené à éliminer certaines mesures, tout simplement parce qu'il voit bien que c'est son matériel de mesure qui a flanché et pas la physique elle-même qui a changé.

Isabelle : Comment pourrait-on résumer en une phrase le message de Vincent Courtillot et de Claude Allègre ?

Olivier : Le message de la plupart des climato-sceptiques relayés par les médias est clair, et il est le suivant : « Un petit groupe de scientifiques ayant des intentions de type idéologique ou d'autres motivations intéressées ont pris le pouvoir au sein du système onusien pour imposer une fausse vérité. »

Les climato-sceptiques médiatisés ne cherchent pas à participer à un débat intellectuellement organisé, qui segmente les problèmes pour les clarifier afin de trouver des solutions... Ils disent tout et son contraire : leur tactique, c'est le brouillage.

Sylvestre : Plus précisément, citons Claude Allègre, dont je vais vous lire quelques phrases extraites de son dernier livre *L'imposture climatique*[1] : « Comment un commando d'hommes, les uns scientifiques les autres politiques, a-t-il pu utiliser tous les rouages de notre société moderne mondialisée, médiatisée, "internetisée" à outrance pour mobiliser la planète autour d'un mythe sans fondement. Comment 112 chefs d'État ont-il pu se réunir d'urgence à Copenhague pour se pencher gravement, avec à la clé débats, disputes, compromis, conciliabules, tractations, pétitions et finalement désunion sur un enjeu virtuel : le climat de la Terre dans un siècle. Bref, cette aventure qui a mobilisé à Copenhague 112 chefs d'État et plus de 1 000 journalistes du monde entier a été le résultat d'un activisme d'une trentaine de personnes tout au plus. À part la prise de pouvoir par les bolcheviks en Russie en 1917, je me demande s'il y a beaucoup d'exemples d'une minorité à ce point agissante. Des scientifiques dévoyés, ambitionnant l'argent et la gloire, des politiques peu nombreux mais fanatisés à l'idée de sauver le monde et de se faire un nom, de jeunes journalistes, des enseignants et des militants de gauche révoltés contre la société et ayant perdu pour les plus âgés d'entre eux de leurs repères marxistes, voilà les ingrédients du cocktail initial, mais il n'aurait pas conduit au débouché que l'on connaît sans l'action de l'ONU et en son sein de quelques hauts fonctionnaires. »

Isabelle : Donc Claude Allègre nie le réchauffement climatique actuel, qui n'est pour lui qu'un mythe ?

Olivier : Non, selon lui c'est la théorie de l'action de l'homme sur le climat qui est un mythe.

Isabelle : Il considère qu'il y a bien une évolution climatique comme la Terre en a déjà connue, mais qu'elle n'est pas d'origine anthropique ?

Sylvestre : Concernant quelques données bien précises, comme l'évolution des températures depuis 30 ans, Allègre ne va pas avoir la folie de dire que les satellites ne savent pas mesurer la température. En revanche, le mythe dont parle Claude Allègre c'est la capacité des simulations numériques à prévoir l'évolution du climat sur un siècle. Et ce premier mythe en engendre un

1. Claude Allègre, *L'imposture climatique,* Paris, Plon, 2010.

deuxième : le fait que le résultat de ces simulations, c'est-à-dire l'évolution du climat, est suffisamment dangereuse pour les sociétés humaines pour justifier que l'on essaie de limiter ce changement par une politique de maîtrise des émissions de gaz à effet de serre.

Isabelle : Mais est-ce que Claude Allègre nie que cette évolution climatique que l'on constate est due aux activités de l'homme ?

Sylvestre : Oui, mais ce n'est que l'un des petits ingrédients de son message. Allègre pourrait tout à fait admettre dans 15 ans que les émissions de gaz à effet de serre et le changement de la composition chimique de l'atmosphère sont effectivement responsables de l'évolution climatique actuelle – et donc d'une évolution future, parce qu'il n'y a pas de miracle, cela ne peut pas s'arrêter– , et parallèlement continuer à dire que ce n'est pas si grave que ça et que l'on n'a pas d'autres solutions que de continuer à utiliser le gaz, le charbon et le pétrole. La partie la plus importante de son message n'est pas dans la contestation de tel ou tel point de l'argumentaire scientifique, elle est dans la conclusion sur l'action à mener pour la maîtrise ou non des gaz à effet de serre.

Le réchauffement climatique : une fausse controverse

Jérôme : Il y a quand même un point extrêmement choquant dans l'image que peut avoir le public du débat aujourd'hui, c'est qu'à travers les médias on a réellement l'impression d'un débat, d'une controverse scientifique, ce qui est à mille lieues de la réalité dans la littérature *peer review* (relue par les pairs et publiée dans les journaux scientifiques). Sur un plateau télévisé, on va avoir Claude Allègre en face de Jean Jouzel, Vincent Courtillot ou l'ancien présentateur météo Laurent Cabrol en face de Jean Jouzel... Bref, on donne l'impression – avec un Jean Jouzel qui, on peut se permettre de le dire, possède moins de talent de tribun que Vincent Courtillot – qu'il y a un vrai débat. Et finalement, pour les auditeurs, c'est le meilleur orateur, celui qui développe ses arguments avec facilité, qui a probablement raison. La forme prévaut sur le fond. Or la réalité scientifique c'est que cette controverse, telle qu'elle est caricaturée sur un plateau télé, n'existe pas !

Il y a effectivement des débats en cours actuellement dans la communauté scientifique, et ces débats ne concernent pas la réalité du changement climatique, mais la sensibilité climatique, c'est-à-dire la réponse climatique lorsqu'on double la teneur en CO_2.

De même, on le sait et on le dit depuis pratiquement deux décennies, l'incertitude essentielle réside dans l'amplification *via* les processus liés aux nuages. Le rôle des nuages sur le climat est quelque chose d'extrêmement difficile à modéliser, sur lequel les modélisateurs se bagarrent toujours, et sur lequel on génère effectivement une très grande incertitude.

Isabelle : L'organisation de cette fausse controverse souligne la mise en débat sur la scène médiatique, nous y reviendrons ensuite. Dans ce débat, quel est le rôle de Vincent Courtillot ? Son message est-il une déclinaison de celui d'Allègre ou a-t-il une position différente ?

Jérôme : La nuance que je verrais entre les deux, c'est que Claude Allègre s'est placé sur le terrain idéologique et qu'il confond aujourd'hui à tort la position de la communauté scientifique avec celle des activistes écologistes. Je pense qu'il hait littéralement ces derniers, qu'on pourrait symboliser typiquement par un Nicolas Hulot – à tort ou à raison, je n'interviendrai pas dans ce débat-là.

Vincent Courtillot, lui, s'est placé sur le terrain scientifique, argumentant sur le rôle naturel du Soleil, sur des mécanismes que l'on n'aurait pas compris concernant notamment le rayonnement cosmique. Pourquoi pas... toute théorie contradictoire est bonne à prendre, et tout regard scientifique venant d'un chercheur habituellement extérieur à la communauté travaillant sur le climat peut s'avérer pertinent, révélateur. Historiquement, le cas d'Alfred Wegener – qui a établi la théorie de la dérive des continents en 1915 alors qu'il était météorologue et astronome de formation – est très parlant.

Mais les articles de Vincent Courtillot qui ont fait débat sur le changement climatique sont truffés d'erreurs et il persiste à montrer ses courbes incorrectes, posant un réel problème d'éthique.Il est entré sur la scène climatique par deux articles publiés dans la revue *Earth and Planetary Science Letters*[1], dans lesquels il montrait sur un graphique des corrélations entre les variations d'irradiance solaire (c'est-à-dire le flux d'énergie que la Terre reçoit du Soleil au sommet de l'atmosphère) et la température, qu'il présentait comme étant la température globale. Dans les deux cas, son graphique était faux et tronqué, ce qui peut arriver. Tout d'abord, il confondait l'amplitude des changements de l'irradiance solaire au sommet de l'atmosphère avec son effet au sol en tant que forçage radiatif (confusion qui le conduisait implicitement à considérer que la Terre était plate et noire, soit une « petite » surestimation – de 500 % – de l'impact du Soleil). Par ailleurs, sa courbe d'irradiance solaire ne concernait que la portion ultraviolette du spectre solaire, et sa courbe de température globale ne correspondait qu'à une fraction de l'année (avril à septembre), uniquement sur les continents, et seulement aux latitudes supérieures à 20°N. De plus, ses courbes s'interrompaient au milieu des années 1990, alors que les données étaient disponibles bien au-delà. Comme les deux courbes divergent franchement depuis le milieu des années 1980, la troncature sur la durée de cette divergence réduit évidemment son impact visuel dans une figure. Son graphique n'incluait pas non plus la portion de la courbe d'irradiance précédant 1950 pourtant disponible, ce qui accentuait artificiellement la corrélation entre l'irradiance et la température sur la période de 1950 à 1980 (valeurs normalisées). Autrement dit, son argumentation scientifique repose en grande partie sur de simples corrélations d'indicateurs incorrects ou tronqués. Et bien qu'ayant été contraint de reconnaître certaines de ses erreurs grossières en 2007 (en réponse à un article d'Édouard Bard et Gilles Delaygue[2]), Courtillot ne respecte pas l'intégrité de l'approche scientifique en continuant à montrer ces courbes incorrectes dans des conférences récentes téléchargeables sur Internet, ainsi que dans un livre grand public[3].

1. J.L. Le Mouël, V. Kossobokov, V. Courtillot, « On long-term variations of simple geomagnetic indices and slow changes in magnetospheric currents. The emergence of anthropogenic global warming after 1990 ? » *Earth Planet. Sci. Lett.*, 232, 273-286, 2005.
   V. Courtillot, Y. Gallet, J.-L. Le Mouël, F. Fluteau, A. Genevey, « Are there connections between the Earth's magnetic field and climate ? » *Earth Planet Sci. Lett.*, 253, 328-339, 2007.
2. É. Bard, G. Delaygue, Comment on « Are there connections between the Earth's magnetic field and climate? » by V. Courtillot, Y. Gallet, J.-L. Le Mouël, F. Fluteau, A. Genevey, *Earth Planet. Sci. Lett.*, 253, 328, 2007.
3. V. Courtillot, *Nouveau voyage au centre de la Terre*, éditions Odile Jacob, 2009.

Isabelle : Comment ces articles ont-ils pu être publiés avec une telle erreur ? Pourquoi l'évaluation par les pairs *(peer review)* n'a-t-elle pas joué son rôle de garde-fou ?

Jérôme : En fait, la littérature *peer review* fonctionne suivant le principe suivant : on confie un article à des experts du domaine qui vont l'évaluer, le critiquer, et finalement dire si l'argument est recevable ou non. On pourrait dire, pour paraphraser Winston Churchill parlant de la démocratie, que « c'est la pire des procédures, à l'exception de toutes les autres ». Effectivement, sur les articles de Courtillot, les relecteurs ont laissé passer ces erreurs, comme cela arrive parfois aussi sur des conclusions diamétralement opposées. Mais là n'est pas réellement l'enjeu. À partir du moment où l'on reconnaît son erreur pour avancer sur de nouvelles bases, il n'y a pas de problème. La science est ainsi faite.

Olivier : Il faut dire que la science est un phénomène collectif, c'est un processus dans la durée, et il ne suffit pas d'une publication d'une personne pour faire la science. Dans la masse des articles publiés, il y a obligatoirement des choses qui sont fausses. Simplement en général on les repère et on avance.

Le large spectre des climato-scepticismes

Hervé : Je suis ennuyé que l'on réduise le problème du climato-scepticisme à celui de quelques personnes médiatisées. Bien sûr, il y a derrière la notion de climato-scepticisme à la fois l'expression d'intérêts assez divers, personnels et collectifs, et des contre-vérités factuelles qui sont répétées sans que l'on trouve facilement l'espace médiatique pour les contredire (cela demande du temps, d'être posé, d'être précis). Mais le climato-scepticisme touche des millions de personnes, il divise des familles. Et les climato-sceptiques ne le sont pas tous parce qu'ils ont lu tel ou tel ouvrage polémique. Cela touche des géographes, des géologues, des hydrologues, des écologues, des économistes... On ne peut pas dire brutalement à ces personnes qu'ils ne comprennent rien à rien et s'imaginer que l'on va faire partager nos idées.

De fait, ils ont beaucoup de choses à nous dire – car la complexité ou l'incertitude dont on parle joue effectivement un rôle important, que nous ne sommes pas toujours les mieux placés pour appréhender dans toutes ses dimensions. Nous sortons vite de notre domaine de compétence dès que l'on aborde les problèmes locaux, les problèmes de prise de décision, etc. Il est donc essentiel que la communauté des climatologues se garde de toute arrogance.

La question du climato-scepticisme est très difficile à expliquer, car il n'y a pas deux camps mais tout un dégradé d'opinions. Pour avoir participé à plusieurs exercices du GIEC, je sais bien que l'on s'y dispute, que l'on râle les uns contre les autres, que tout le monde n'est pas d'accord... Ce dégradé d'opinions provient d'un problème de fond, qui est pour moi le plus pertinent que pose le climato-scepticisme : le climat va peut-être se réchauffer, mais est-ce grave ? Comment caractérise-t-on cette gravité ? Quel rôle doit-elle prendre dans nos prises de décisions ? Nous ne pouvons que le constater : nous avons certes beaucoup d'éléments de réponses (c'est ce qui nous oblige moralement à intervenir dans le débat public), mais ce ne sont que des éléments de réponse. Nous ne sommes donc vraiment pas en situation d'être autoritaires et cassants. Nous devons faire connaître nos interrogations, nos inquiétudes, débattre des possibles stratégies « sans-regrets », mais nous ne pouvons rien imposer d'autorité.

Je crois que quand on résume le climato-scepticisme aux outrances de certains, on nourrit un climato-scepticisme plus fort encore. Je sens bien que certains collègues, géographes notamment (une discipline qui raisonne souvent à partir du terrain, de l'étude des vulnérabilités locales), mais aussi écologues, hydrologues ou même sociologues, voudraient que nous soyons plus sensibles à leurs problématiques, à leur appréhension de la complexité. Et l'on a vu, au CNRS par exemple, que ces malaises entre communautés peuvent être forts.

Aussi, je pense qu'il manque sur cette question une mise en perspective, et que nos propos ne seront pas compris s'ils sont réduits à des aspects trop personnels, comme s'il s'agissait de la seule remise en question que nous acceptions d'écouter, et contre laquelle nous nous mobilisions.

En résumant le climato-scepticisme aux outrances de certains, on nourrit un climato-scepticisme plus fort encore.

Sylvestre : Hervé a raison de séparer, si l'on peut dire les choses ainsi, les climato-sceptiques « professionnels », les scientifiques sceptiques et enfin les amateurs de bonne foi. Les premiers, qui sont très peu nombreux, usent de trois moyens discursifs majeurs : le mensonge, la calomnie, la falsification de données scientifiques. Les autres se comptent par millions et c'est normal. C'est normal car s'il n'était pas indispensable d'accéder à un minimum de connaissance savante sur le climat, l'énergie, la géographie physique, l'économie et la démographie pour prendre conscience du problème climato-énergétique, le GIEC ne serait pas nécessaire et les bonnes décisions se prendraient toutes seules. Plus particulièrement, le volet science du dossier pose des problèmes classiques en vulgarisation scientifique : toute enquête sociologique qualitative montre aisément que la physique de l'effet de serre ou les temps typiques de la physique du climat ne sont en réalité guère compris, tant des partisans que des opposants à une politique climatique dans le grand public, voire chez de nombreux décideurs économiques et politiques. Quant aux personnes disposant d'une formation scientifique, mais éloignée de la climatologie, elles sont souvent victimes de la spécialisation de la science et du temps nécessaire à la digestion d'un dossier complexe. Mais la plupart de ces personnes sont de bonne foi. Enfin, et surtout, il n'y a pas de lien mécanique entre l'évaluation du risque climato-énergétique et la prise de décision politique. Cette dernière dépend de nombreux autres facteurs, y compris philosophiques, qui relèvent d'une appréciation globale et où les opinions et choix de valeurs sociales ont un rôle décisif à jouer.

De ce point de vue, les débats économiques et politiques sont irréductibles à la science. Et c'est justement en raison de cette reconnaissance d'irréductibilité et de légitimité des débats politiques relatives au dossier scientifique qu'il est indispensable de dénoncer sans faiblesse les tentatives de miner ce dernier par des impostures, des mensonges, des calomnies. Je ne prendrais qu'un exemple, simple et éclairant. Lorsque Claude Allègre écrit que l'année 2008 fut la plus froide des cinquante dernières années, alors que tous les relevés des organismes météorologiques la classent au dixième rang des années les plus chaudes depuis 130 ans, il s'agit d'un mensonge.

À l'inverse, lorsque médecins, géographes et spécialistes des moustiques débattent pour savoir si c'est le changement climatique et l'extension des zones écologiquement favorables au moustique transmetteur du paludisme ou les politiques de santé publique, d'assainissement et de lutte anti-vecteurs qui décideront de l'extension future des zones épidémiques, le débat est plus que légitime. Ayant écrit il y a plus de dix ans que la seconde version me semble plus raisonnable... je ne peux que réitérer cette opinion (et me réjouir de ce que les textes du GIEC ont rejoint dans le dernier rapport ce point de vue).La difficulté que soulève Hervé est donc la suivante : comment dénoncer sans faiblesse les mensonges des climato-sceptiques professionnels sans froisser toutes les personnes qui veulent honnêtement participer à une discussion sur l'ensemble du dossier climato-énergétique ?

Jérôme : Le terme générique de « climato-sceptique » intègre en effet toutes sortes d'attitudes qu'il convient de distinguer, car notre discussion s'est pour l'instant référée essentiellement aux climato-sceptiques très médiatisés.

Le scepticisme débute d'abord dans les laboratoires de recherche. Olivier, Hervé ou moi sommes par essence des sceptiques, comme tout chercheur ; il est impossible de conduire un travail de recherche convenable si l'on n'est pas prêt à remettre en question les résultats, les hypothèses, y compris ceux issus de ses propres travaux. En mettant de coté ses déclarations d'ordre politique, je rangerai dans cette catégorie par exemple un Richard Lindzen, dont les travaux sur les rétroactions nuageuses constituent des contributions scientifiques intéressantes. C'est la même forme de scepticisme qui anime certains géographes, géologues, écologues, dont les travaux recoupent plus ou moins la problématique du changement climatique. C'est un scepticisme sain, qui alimente le débat scientifique lorsqu'il se traduit par des articles dans les revues à comité de lecture et qui fait progresser les connaissances.

On rencontre ensuite une forme de scepticisme distancié chez des personnes généralement à culture scientifique (chercheurs physiciens par exemple) dont la connaissance du dossier climatique peut être très parcellaire. Ils mettent ici en pratique le doute cartésien vécu dans leur propre discipline ou centre d'intérêt. Je trouve en général le dialogue très intéressant avec ces personnes qui nous poussent à affiner nos arguments, à les sortir du contexte de l'hyper-spécialité scientifique. Ces chercheurs-citoyens procèdent au doute constructif. Ils acceptent le plus souvent la notion d'incertitude inhérente à l'étude de phénomènes complexes ; ils sont conscients que le constat scientifique contiendra toujours sa part d'ombre, de probabilité sur laquelle le politique doit s'appuyer faute de mieux.

Vient ensuite une catégorie que je qualifierai de scepticisme malhonnête. Elle consiste à regarder le faisceau d'informations disponibles de manière biaisée, de ne sélectionner dedans que ce qui renforce une idée pré-établie (le *cherry picking* selon l'expression consacrée des anglophones). Il en existe d'ailleurs un pendant catastrophiste, ayant longtemps occupé le devant de la scène médiatique en conduisant à des slogans aussi aberrants que « Sauvons la planète », illustrés par un ours blanc sur son morceau de banquise. Le dialogue avec un sceptique malhonnête est un dialogue de sourd. Lorsque l'on rencontre ce type d'attitude chez un collègue chercheur, les réactions sont en général épidermiques. Car la déontologie du chercheur n'est alors plus respectée. Dans la sphère citoyenne, hors laboratoires de recherche, cette attitude se rencontre par exemple chez des gens mûs par une idéologie contrariée par les conséquences politiques du changement climatique : ainsi, les perspectives de régulation planétaire des émissions de gaz à effet de serre ne sont certainement pas appelées de leurs vœux par les croisés du libéralisme économique débridé.

Enfin, vient l'attitude sceptique probablement la plus répandue. Celles des citoyens n'ayant aucune idée pré-établie sur le sujet, faisant face à des flots d'informations contradictoires, et dont le réflexe naturel consiste à exploiter le principe d'incertitude pour ne rien faire et donc dénier l'évaluation scientifique initiale. Nous y sommes tous confrontés, lors de dîners entre amis, au détour de conversations. « Alors, tu as vu, on nous disait qu'il y aurait des millions de morts du H1N1 cet hiver, c'était n'importe quoi ! Avec vos histoires de climat qui se détraque, c'est kif-kif bourricot ! » Comment réagir ? L'argument d'autorité n'a aucune valeur. L'explication prend des heures. Nous ne sommes évidemment pas formés à la psychologie du changement climatique. Et c'est peut-être là le défi essentiel pour les décennies à venir.

Olivier : Comme chercheur en sciences économiques et sociales, je n'ai pas compétence à intervenir dans les débats scientifiques des climatologues. En revanche il m'est possible de souligner la nécessité d'opérer un ensemble de distinctions entre champs de questions et de pratiques, renvoyant à des compétences différentes et à des énoncés qui ne peuvent pas bénéficier des mêmes procédures de validation :

a) il y a les sciences concernant les phénomènes physiques et chimiques déterminant les climats qui se traduisent par un ensemble d'énoncés : sur le lien entre émission et concentration atmosphérique de GES, sur l'évolution possible de la température moyenne et sa distribution régionale, sur l'acidification des océans… ;

b) il y a les démarches qui visent à identifier les impacts du changement climatique sur les écosystèmes marins et terrestres naturels et exploités et sur les activités humaines (mangroves, récifs coralliens, rendements des cultures, incidence sanitaire, etc.). Ces impacts résultent directement des interactions entre phénomènes physiques, biologiques et socio-économiques : la montée du niveau des mers est un problème parce qu'une population, souvent dense, occupe le littoral. Pour l'avenir, ces impacts sont donc conditionnels à la fois aux évolutions climatiques et aux projections sur le devenir des sociétés humaines (techniques, utilisation de l'espace, niveau d'éducation, croissance, etc.) ;

c) le tableau résultant des démarches a) et b) est à la fois informatif et marqué par des incertitudes de plusieurs sortes. Il débouche de ce fait sur une mise en forme de l'action des États, des entreprises, des collectivités et des particuliers en termes de « risques » : on est face à des réalités et évolutions hypothétiques, plus ou moins vraisemblables. En conséquence les actions proposées ou examinées, puis éventuellement décidées, n'auront pas d'effets certains connus à l'avance, parce que la réalité à laquelle elles s'appliqueront n'est pas connue de façon parfaite. Pour procéder néanmoins au choix d'actions, la théorie de la décision recommande de chercher à en identifier les effets possibles à partir de descripteurs exprimant des valeurs aux yeux des décideurs (pertes en vies humaines, pertes d'espèces naturelles, pertes de patrimoine historique, revenus, emplois, finances publiques, influence diplomatique, sécurité civile, sécurité militaire, etc.) puis à les pondérer en fonction de la probabilité d'obtention de ces effets, qui dépend généralement de circonstances elles-mêmes aléatoires dans leur concrétisation, ou en fonction de la plausibilité des hypothèses lorsque l'on ne peut pas disposer de distribution crédible de probabilité. À ce stade, les méthodes d'évaluation économique sont largement utilisées, mais n'ont pas le monopole de l'évaluation. Il existe alors un spectre de critères possibles pour déterminer l'action qu'il convient d'engager. Certains proposent de se caler sur le scénario du pire, d'autres de pondérer tous les scénarios dans des bilans coûts-avantages, d'autres de ne s'occuper que des risques « certains », d'autres enfin de se déterminer en fonction d'une vision morale des actions en cause, etc. Les sciences ayant vocation à traiter de faits normatifs (l'économie, le droit, la philosophie morale, l'éthique) ont ici un rôle d'expertise important, non pour se substituer aux décideurs mais pour les éclairer sur les implications de leurs choix et sur la cohérence de ceux-ci avec leurs valeurs et leurs objectifs, sur le mode : si vos priorités sont telles ou telles, alors nous pouvons vous dire que telle action répond mieux que telle autre aux buts que vous poursuivez ; si vous êtes attaché à telle valeur (par exemple l'équité distributive) alors cette manière de faire est contre-indiquée », etc.

Dans ce contexte on peut être confronté à des attitudes de scepticisme ou de non-adhésion à toutes les étapes. Le scepticisme peut porter sur :

- la réalité des phénomènes considérés (parce que les scientifiques eux-mêmes ne sont pas certains, parce que l'on juge qu'ils sont prisonniers d'artefacts liés à leurs méthodes, parce que l'on considère qu'ils ignorent ou négligent des choses importantes...) ; il appartient aux scientifiques concernés de qualifier leurs connaissances en faisant la part des choses. C'est ce que le GIEC cherche à faire ;
- la gravité des impacts et des risques : la simple description physique ne suffit pas à qualifier quelque chose de grave, ni à désigner les actions qui doivent être engagées. Par exemple, face au tableau des impacts, on peut considérer que des générations futures plus riches, en moyenne, que

les générations présentes trouveront aisément les moyens économiques et techniques de s'adapter, ce qui réduira considérablement l'impact net. Cet argument ne saurait avoir le dernier mot et d'autres mises en forme d'arguments peuvent conduire à juger différemment de la gravité, par exemple en se référant à des droits ou à l'idée de développement durable ou encore au risque d'irréversibilité de très longe durée ;

- la nécessité des générations présentes de se préoccuper des risques envisagés :
  – par indifférence envers l'avenir à plus long terme (notion de préférence pure pour le présent ; vivre dans l'instant ; valoriser l'éphémère),
  – par indifférence au sort des groupes les plus exposés et les plus vulnérables,
  – parce qu'une partie des contemporains est engagée dans une logique de survie, sans disposer de moyens pour contribuer à une action collective de longue portée,
  – parce que nos contemporains ont d'autres priorités ou d'autres valeurs (exemple : priorité à la préservation des libertés face aux empiètements de l'État),
  – parce que les possibilités d'agir sont jugées inopérantes (à quoi bon ?),
  – parce qu'elles ne se jugent pas responsables du CO_2 accumulé dans l'atmosphère,
  – etc ;
- l'ampleur et la nature des actions à engager de façon immédiate ou plutôt à différents horizons (dans 10 ans, 20 ans…), selon les conditions (dans le cadre d'un accord international ou de façon unilatérale…).

Rien de tout cela n'est *a priori* illégitime. Rien de tout cela ne peut non plus être pris pour argent comptant. Les scepticismes de tous ordres doivent être mis à l'épreuve de leur pertinence (adéquation aux faits et aux résultats acquis de la science, mais aussi aux enjeux de l'action) et de leur cohérence axiologique. Il faut se demander – et il faut demander aux sceptiques déclarés – jusqu'à quel point ce qui les motive est réellement justifié au vu des valeurs qu'ils affichent (selon les cas : humanisme, libertarisme, éthique du prochain, kantisme, etc.) et de celles qui sont cristallisées dans les institutions collectives (droits de l'homme de 1789, égalité devant les charges publiques, continuité de la Nation, démocratie, etc.). S'il veut avoir droit de cité, le scepticisme n'a pas le droit de se complaire dans la croyance non informée et irrationnelle.

Ici trois points sont à mes yeux essentiels :

- la possibilité d'un jugement scientifique valide est inséparable de la compétence scientifique ; or les asymétries de compétence sont considérables ; les « non-compétents » ne peuvent éviter, à un moment, de devoir faire confiance à des « compétents » ; c'est le lot de la vie quotidienne, qu'il s'agisse du médecin, du contrôleur aérien, de l'enseignant, etc. C'est également le cas entre chercheurs de disciplines différentes. Reste à déterminer sur quoi la confiance peut s'appuyer ou la défiance se justifier. La réponse est simple, c'est sur la qualité des procédures collectives mises en place : accès aux données, résultats et méthodes ; pouvoir de vérification ; sérieux de l'examen critique par les pairs, dans les colloques et dans les publications. Sur ce terrain, le GIEC est allé plus loin que n'importe quel autre dispositif international d'expertise scientifique dans la recherche de procédures rigoureuses garantissant le libre examen critique ;
- contrairement aux thèses prônant l'hybridité inorganisée entre scientifiques et porteurs d'intérêt et l'équivalence de toutes les formes de savoir, y compris celles qui sont articulées à des croyances pré- ou hors-scientifiques, il est vital de maintenir la distinction entre les processus centrés sur l'établissement des connaissances et ceux visant la délibération sur les actions à engager. Cette distinction ne vise pas à empêcher les échanges entre scientifiques, citoyens et responsables, mais à éviter les transferts illégitimes entre registres différents qui constituent la démarche de base du « scepticisme malhonnête ». Elle doit précisément permettre une organisation des interactions nécessaires qui ne cède pas au confusionnisme : il est évident que la délibération sur les actions et politiques à engager ne doit pas être aveugle sur ce qui en est l'enjeu – en l'occurrence, le changement climatique – et qu'elle gagne à être informée

par le meilleur tableau scientifique ; il est tout aussi évident que l'expertise scientifique – à ne pas confondre avec la recherche scientifique – gagne en pertinence si elle est cadrée par les questions que se posent effectivement les divers responsables ou les diverses parties prenantes ; cela implique une procédure où les acteurs économiques et politiques peuvent adresser leurs questions aux experts, sans se prendre eux-mêmes pour les experts ;

- s'agissant de choix personnels et individuels, chacun est libre d'avoir les croyances qu'il veut, d'être sceptique sur ceci ou sur cela, tant que cela est compatible avec la légalité républicaine ; dans ce contexte d'exercice de choix privés, toutes les opinions sont respectables. Il en va autrement dans l'espace public d'une délibération en vue de déterminer une action collective. Pour être légitimement prises en compte, les opinions avancées doivent pouvoir être étayées par des faits et par des arguments, étayage qui est éprouvé par les procédures d'expertise et de débat. Autrement dit, il n'existe pas de droit imprescriptible de qui que ce soit à voir son opinion, quelle qu'elle fut, prise en compte par la décision publique, sauf à l'occasion de votes organisés sous le principe du secret. Or la référence aux sondages livre des opinions brutes, qui ne sont pas passées par le test de l'étayage ; les sondages constituent de ce fait une base de décision douteuse dont la légitimité est faible. Il en va de même des opinions relayées par les journaux, lorsqu'elles ne font que refléter les opinions brutes.

Il existe donc trois travers à combattre par ceux qui sont soucieux de préserver une science de qualité et une démocratie fidèle à son inspiration première : 1) la manipulation du travail et du débat scientifique en fonction de considérations idéologico-politiques ou d'intérêts économiques ; 2) la manipulation symétrique du débat démocratique au nom d'une vérité scientifique proclamée qui aurait pour effet d'éliminer toute perspective de délibération et de choix ; 3) la soumission de la décision publique aux croyances et opinions de caractère privé et non éprouvées par des procédures publiques d'expertise et de débat.

Être climatologue en 2010

Isabelle : Je pense que nous sommes nombreux à nous demander ce que l'on ressent lorsque l'on est climatologue en 2010…

Jérôme : Une particularité de ce que l'on vit aujourd'hui, c'est qu'avec cette espèce de pression médiatique et de tendance au déni, la science se fait dans un climat moins serein. On est sous pression en permanence. Et ce climat de défiance nourrit une forme de crise de confiance entre chercheurs et citoyens, ne rendant pas le travail de tous les jours très commode.

Hervé : Et cela vient après quelques bonnes années. Quand je suis rentré dans la carrière scientifique – il y a quelques années ! – j'avais le sentiment que le chercheur était très ignoré. On était encore dans l'image publique du chercheur qui regarde son nombril en faisant des choses qui n'intéressent personne, image héritée de Mai 68 et d'une vision avant tout « gauchiste » de la recherche et de l'université. Et puis progressivement, j'ai eu le sentiment de voir une forme d'intérêt pour la recherche qui grandissait. Et à cet intérêt s'ajoute maintenant un questionnement qui peut être très rude. Et sans trop changer de niveau social, on est passé d'une situation où le chercheur était un marginal à une situation où le chercheur est considéré comme faisant partie d'une sorte d'establishment que l'on peut critiquer en tant que tel.

Olivier : On impute souvent à la science appliquée une connivence avec les grands intérêts industriels qui sont les forces économiques et politiques dominantes, autrement dit on lui impute un projet idéologique, notamment parce que la science moderne manipule des objets techniques très avancés (satellites, traitement de données, nano-objets, etc.).

Isabelle : C'est aussi le fait qu'au départ, le scientifique en tant que savant bénéficiait d'une sorte de confiance et de reconnaissance, il y avait presque de la déférence lorsque l'on se présentait comme chercheur ou universitaire, alors qu'aujourd'hui le statut d'enseignant-chercheur est dévalorisé, on se demande si son travail sert la société… Mais peut-être que pour les climatologues il y a encore de l'espoir, vu les enjeux du dossier « climat »…

Jérôme : Pas en ce moment en tout cas, à la suite des soit-disant « révélations » du Climategate et du livre de Claude Allègre (*L'imposture climatique*), on est plutôt traités de tricheurs, d'escrocs, de fraudeurs, de menteurs, de bolcheviks, etc. Il faut voir aussi ce qui se dit sur les blogs. Il y transpire une haine incroyable envers toute une communauté de chercheurs. L'épisode de notre lettre ouverte signée en avril 2010 avec plus de 600 collègues climatologues est assez parlant : cette lettre était l'expression d'un vrai ras-le-bol d'une vaste majorité silencieuse de chercheurs non médiatisés, qui font leur boulot de manière professionnelle, dans l'anonymat des labos. Ils n'ont pas voulu se laisser insulter plus longtemps et ont donc demandé à leurs tutelles de dire si oui ou non ils font leur boulot correctement. Or, à la suite de sa publication, certains « analystes » n'ont pas hésité à invoquer l'Inquisition, la pensée unique, ils ont ressorti Galilée des tiroirs... alors que nous étions tout simplement dans la posture de n'importe quels professionnels dont on met en cause la rigueur dans l'exercice de leurs fonctions : on fait appel à nos employeurs (et *in fine* il s'agit – au-delà des organismes – du ministère de la Recherche) pour qu'ils disent si oui ou non on fait notre travail correctement, en respectant la déontologie scientifique.

Isabelle : Est-ce que toi Jérôme, en tant qu'observateur, tu ressens la même suspicion qu'envers les modélisateurs ?

Jérôme : Peut-être un peu moins. D'ailleurs, c'est l'un des crédos du discours climato-sceptique : « Assez parlé des modèles, ce qui compte c'est l'observation. » Mais il n'y a pas à opposer les deux, qui sont complémentaires : le modèle sans l'observation n'est rien, et il en va de même de l'observation sans le modèle. Dire que l'on a une perception différente parce que l'on est observateur ou modélisateur, je ne peux pas y répondre par l'affirmative parce que je n'ai pas les deux casquettes, même si j'ai touché un tout petit peu à la modélisation pendant mon postdoc. Ce que je constate quand même, c'est que dans certaines discussions « climato-sceptiques » sur les données, il y a la même tendance à remettre en question la validité du travail conduit par les spécialistes du sujet. Je vais prendre des cas très concrets : dans les crédos climato-sceptiques au sens large,

il y a l'argument que les mesures de température ne sont pas fiables parce que des stations météorologiques ont subi des environnements urbains modifiés, qu'avant les années 1940 les mesures de température de surface des océans se faisaient en plongeant un seau dans l'eau, en le remontant à la surface et en plongeant un thermomètre dedans, donc qu'il y a forcément des corrections à faire en fonction de l'ensoleillement, du temps passé avant de mettre le thermomètre dans le seau... Depuis on fait les mesures dans les turbines des bateaux, ce qui implique de faire de nouvelles corrections... Tout ceci pour dire qu'il y a une mouvance à dénigrer tout ce travail de correction, d'homogénéisation, à dire que l'on crée des courbes qui n'ont pas de réalité. D'ailleurs, ce que je crains à un certain point, par rapport au fait que les données météo deviennent complètement ouvertes au grand public, c'est que certains les prendront brutes de fonderie, sans se préoccuper des corrections indispensables. Quand une station météorologique a bougé de quelques kilomètres, on ne peut pas faire comme si rien ne s'était passé ! On risque ainsi d'escamoter tout le travail de bénédictin consistant à ré-analyser des données, qui permet d'arriver à un produit dans lequel on a confiance, parce que l'on a introduit les corrections qu'il fallait.
On a aussi le cas extrême qui consiste à dire que, comme un thermomètre fonctionne en général au dixième de degré près et qu'il demande à être calibré, comment peut-on arriver à parler d'un réchauffement de 0,6 ou 0,7 °C, c'est-à-dire des variations de températures dont l'ordre de grandeur est proche de l'intervalle d'incertitude de l'appareil de mesure ? C'est une façon peu élégante de s'asseoir sur les fondements même de la statistique...

Le traitement médiatique du changement climatique

La mise en scène du débat scientifique

Isabelle : Dans la diffusion de l'information scientifique, une fois passé le stade de la publication scientifique, l'information est relayée dans la sphère médiatique. Et je suis toujours étonnée de voir comment certaines faussetés unanimement reconnues dans la communauté scientifique peuvent se retrouver, avec l'apparence et les effets d'un scoop, en première page d'un journal ou d'un magazine. Les médias constituent une sorte de caisse de résonance qui est très souvent complètement dévoyée, et qui donne de l'importance à des phénomènes qui sont complètement marginaux dans la sphère scientifique. Il y a quelque chose qui ne va pas...

Sylvestre : C'est vrai, il y a quelque chose qui ne va pas... mais c'est inévitable. Le système médiatique, notamment dans ses manifestations les plus populaires, fonctionne à l'inverse du système scientifique, et ce serait complètement fou d'imaginer qu'il pourrait en être autrement.

Isabelle : Comment ça « à l'inverse » ?

Sylvestre : Dans les médias, et notamment dans un quotidien, ce qui est important, ce n'est pas les trains qui arrivent à l'heure, mais ceux qui déraillent. Or la majorité des trains arrivent à l'heure ! Alors qu'est-ce qui peut motiver des responsables de journaux à traiter la question du climat, et notamment à la faire monter en une, avec des gros titres. ? Il faut pour cela quelque chose d'extraordinaire, dans le sens où il faut que cela sorte de l'ordinaire. Et ce qui sort de l'ordinaire peut être une découverte scientifique, une grande décision politique comme la signature de la convention climat en 1992 ou encore ce qui aurait été un éventuel accord dans une conférence comme celle de Copenhague. Mais cela peut aussi être une polémique, une contestation. Comme les mensonges simples sont toujours plus faciles à médiatiser que des vérités complexes, la tendance « naturelle » du système va être de mettre en scène tout débat scientifique ou toute contestation d'un résultat scientifique sous la forme d'une controverse, que l'on va chercher à incarner dans des individus, parce qu'il faut raconter une histoire, si possible passionnante, avec une volonté de mettre au même niveau les deux parties.

Je prends un exemple concret que j'ai dénoncé en son temps : au journal télévisé de France 2, avant la conférence de Copenhague, on fait intervenir sur le même plan et avec la même durée Jean Jouzel et Vincent Courtillot, sur un format assez court, et on leur pose les mêmes questions. J'ai appelé le journaliste qui a réalisé l'entretien et je lui ai demandé au nom de quoi il mettait ces deux personnages sur le même niveau ? C'est comme si vous mettiez sur le même niveau le responsable national d'un parti politique et un militant de base. Et le journaliste me répond qu'ils ont besoin de faire un face-à-face dans ces conditions pour passer à l'antenne.

Isabelle : C'est typiquement cette mise en scène qui est critiquable dans le débat actuel sur le climat et je me demande comment une telle absence de pondération, qui induit des rumeurs et entretient la confusion, peut autant s'incarner dans la sphère médiatique ? Et c'est encore plus vrai à la télévision qui favorise les shows médiatiques pour faire de l'audience. Cela met en évidence un profond problème éthique – éthique scientifique et éthique médiatique.

Olivier : Comme je ne suis pas journaliste, je regarde tout cela avec un regard très extérieur, mais il me semble que les grands médias – pas les revues scientifiques , mais la télé et les grands journaux – ont transporté la pratique politique dans l'ensemble des autres débats : il y a désormais toujours un pour et un contre à qui l'on donne parole égale, comme on le fait avec la droite et la gauche en politique, au nom de l'équité dans l'expression des points de vue.

Sylvestre : *Le Figaro* vient juste de faire ça (24 février 2010) sur deux pages à propos du climat : pour ou contre, avec égalité parfaite de longueur de texte.

Olivier : Cette procédure fait peut-être sens dans le domaine politique, où le pluralisme est constitutif du débat démocratique. Mais la science ne fonctionne pas comme ça.

De plus, cela pose la question du rôle des journalistes : ce mode de présentation de l'information permet aux médias d'apparaître comme le juge en dernière instance, car ce sont eux qui organisent la controverse. Il y a aussi le problème du ton employé. Par exemple, lorsque Jean-Pierre Elkabbach arbitre un débat, on voit et on entend très bien de quel côté son jugement va, c'est lui qui avec toute son expérience de journaliste va dire : « Enfin, voyons, monsieur Jouzel, ouvrez-vous l'esprit, acceptez de prendre en compte les gens sérieux qui s'opposent à ce que vous dites, plutôt que d'être dogmatique... » Donc *in fine*, le journaliste produit le jugement. Il organise la controverse et il en est le juge en dernier ressort. Notons que cela correspond à une image que les médias aiment bien, celle du « pouvoir ultime. » Celui qui organise la confrontation est aussi celui qui donne le « la ». Même si, bien entendu, on ne peut pas mettre tous les journaux ni tous les médias dans le même panier...

Isabelle : Ce qui se dessine en arrière-fond c'est que ça ne va pas très fort entre les sciences et les médias.

Sylvestre : C'est assez clair. Je dirais que depuis dix ans on est dans la régression.

Olivier : C'est toujours la même histoire : de moins en moins de science, de plus en plus d'émotion !

Porte-voix, médias et agit'prop'

Sylvestre : Si j'ai pris l'exemple du *Figaro* tout à l'heure, c'est justement pour montrer que ce n'est pas seulement à la télévision que le débat est mis en scène, mais aussi dans les pages « sciences » d'un journal. Mais comme je l'ai dit tout à l'heure, c'est, sinon normal, inévitable. Le système médiatique fonctionne ainsi, et c'est notamment aujourd'hui une question de survie économique. Mais les scientifiques ne sont pas les seuls acteurs dans la « controverse » médiatique à propos du climat. Je dirais même que ce sont les plus petits joueurs. L'une des raisons pour laquelle le système médiatique met en scène un débat sur le climat qui n'est pas un débat scientifique, mais le débat de la société à propos de cette question, c'est que les enjeux en sont énormes. On n'est pas en train de discuter d'un

problème marginal au niveau économique, comme par exemple le bannissement des gaz responsables du trou de la couche d'ozone, on est en train de discuter de quelque chose qui représente 80 % des sources d'énergie de nos sociétés, autrement dit on est en train de parler de l'essentiel.
Et qui dit « enjeux énormes » dit nécessairement « intérêts énormes » et « acteurs énormes ». Les acteurs de la question climatique, c'est l'ensemble de ce qui compte dans la société : les partis politiques, les associations de citoyens, les forces économiques, les firmes, etc., et chacun de ces acteurs va défendre un intérêt ou une posture idéologique avec la force et les atouts qui lui permettent d'avoir une résonance dans le système médiatique. Or il se trouve que nombre de ces acteurs n'ont pas intérêt à la clarté du débat et au respect de la « vérité » établie par les scientifiques, une vérité qui peut être pleine d'incertitudes et de questions. Prenons l'exemple des acteurs qui sont idéologiquement *a priori* favorables à l'idée qu'il faut arrêter de bousculer la nature – les partis verts, des personnalités comme Nicolas Hulot, des associations, etc. Ils sont ravis du discours des scientifiques – ou du moins de ce qu'ils comprennent et souhaitent retenir de ce discours. Dès le début des années 1990, ils étaient tellement ravis qu'ils en ont rajouté : ils sont allés plus vite que la science, et ils ont voulu que dès les premières alertes on prenne tout de suite des décisions drastiques. Puis, ils se sont dit que pour arriver à ce que des décisions soient prises, il fallait mobiliser l'opinion, notamment dans les pays démocratiques. Et pour mobiliser l'opinion, ils ont utilisé les techniques classiques de la propagande et de la publicité. C'est pour cela que nous avons été submergés par ces slogans « Sauvons la planète » et par ces images d'ours polaires... Pourquoi ? Parce que c'est spectaculaire, parce que c'est beau, parce que c'est simpliste, parce que ce sont les techniques habituelles de la propagande et de la publicité, de ce que l'on appelait l'« agit' prop' » dans les partis révolutionnaires. La plupart des médias vont embrayer là-dessus, car c'est du pain bénit pour eux – cela correspond au degré 1 du journalisme. Il suffit de reproduire le message à forte charge émotionnelle et vous avez tout ce qu'il vous faut : votre gros titre, votre belle image, et votre belle histoire incarnée dans un individu dont on peut raconter les soubresauts psychologiques.

La plupart des journalistes et des responsables de journaux ne peuvent pas aller plus loin que ça sur ce sujet, parce que pour aller plus loin il faut travailler sur le côté savant du problème. Or, ils n'en ont pas le temps et ne sont pas payés pour ça. Donc la plupart des journalistes qui s'occupent d'environnement vont se contenter de tendre leur micro ou de prêter leur clavier aux porte-voix, aux émetteurs de ce message propagandiste formaté.

Isabelle : Et qui sont alors ces émetteurs ?

Sylvestre : Ce sont les ONG, c'est Greenpeace, c'est Nicolas Hulot, etc. Et la dénonciation du caractère faux ou simpliste de ce message n'est pas quelque chose de complètement récent. Je l'ai fait en long, en large et en travers dans un livre que j'ai écrit il y a 10 ans[1]. Mais les journalistes ne sont pas les seuls à se plaindre de ce discours. Les scientifiques ont bien perçu le danger de cette manière de présenter le problème au grand public. Dans une interview donnée il y a quelques années, Édouard Bard – climatologue et professeur au Collège de France – dénonçait d'ailleurs « ces slogans de type sauvons la planète et les ours polaires ».

Isabelle : Pourquoi ces slogans sont-ils dangereux ?

Sylvestre : D'abord, parce qu'à force de simplifier le message, on va obligatoirement finir par dire quelque chose de faux, et effectivement c'est très souvent le cas. Ensuite parce que quand on dit des choses fausses, on ne parle pas du vrai problème et on ouvre la porte à des réactions du type : « Oui la question de la survie des ours polaires est importante, mais bien moins que de savoir si l'on va pouvoir nourrir les enfants du Sahel. » De la même façon, quand on parle du problème de l'élévation du niveau marin, les ONG mettent systématiquement en avant les îles Tuvalu. Pourquoi ? Parce que c'est un symbole fort : la disparition d'un État. C'est vrai. Cependant, les îles Tuvalu constituent peut-être un État, mais dans lequel ne vivent que quelques milliers de personnes. On a donc un symbole fort, mais qui est un problème « minuscule » du point de vue du risque climatique.

1. S. Huet, *Quel climat pour demain ?* Calmann Levy, 2000.

Car le vrai problème posé par l'élévation du niveau de la mer, ce sont les endroits où vivent des millions de personnes, ou des dizaines de millions de personnes… et dont on ne parle pas ! Et je vous assure que, depuis 15 ans que je travaille à *Libération*, je suis obligé de me battre contre les responsables de service et contre le service photo, pour qu'ils ne me mettent pas sans arrêt des images de Tuvalu et d'ours polaires dans mes papiers sur le climat. Et récemment, avant Copenhague, j'étais tellement énervé que j'ai terminé un papier en disant que le pathos sur Tuvalu et les ours polaires, ce n'est pas ça qui est important. Et non seulement ce n'est pas le plus important, mais en plus c'est dangereux. Parce que si on réduit la question climatique aux îles Tuvalu et aux ours polaires, on est forcément amené à se demander si ça justifie de diminuer les émissions de gaz à effet de serre avec lesquels on mange, on se loge, on se chauffe, on se déplace, etc.

En fait, pratiquement tous nos échanges économiques reposent sur des échanges de carbone. Alors quand les ONG développent ce type de message propagandiste-publicitaire, bien sûr, elles le font avec l'idée que c'est un raccourci pour toucher, et donc convaincre l'opinion publique, mais le résultat final peut être catastrophique, ne serait-ce qu'en termes de démobilisation.

Jérôme : Tu as tout à fait raison sur les journalistes porte-voix qui finissent par dire des choses fausses. J'ai d'ailleurs une anecdote personnelle à ce sujet. Début février 2008 en rentrant du labo, je regarde les prévisions météo sur France 3. Le présentateur annonce pendant son bulletin que, d'après les relevés de Météo France, le mois de janvier 2008 est l'un des plus chauds en France depuis que ces relevés existent. Jusque-là rien de particulier. Sauf qu'il termine sa phrase avec la sentence imparable « ce qui confirme le réchauffement climatique » ! Mon sang ne fait qu'un tour et j'envoie immédiatement un courriel à France 3 pour souligner l'erreur qui consiste à confondre ainsi météo et climat et je demande à ce présentateur si, dans le cas où le mois de février 2008 en France serait parmi les plus froids, « ça confirmerait le refroidissement climatique » ! Et bien il m'a répondu, sans rien regretter, que s'il devait le redire il le redirait, en bon militant au « Défi pour la Terre » qu'il est.

Le pathos sur Tuvalu et les ours polaires, ce n'est pas le plus important, et en plus c'est dangereux. Parce que si on réduit la question climatique aux îles Tuvalu et aux ours polaires, on est amené à se demander si cela justifie de diminuer les émissions de GES avec lesquels on mange, on se loge, on se chauffe, on se déplace, etc. ?

C'est grave parce que « Monsieur Météo », c'est la référence pour beaucoup de gens sur le temps qu'il fait, et plus généralement sur le climat. Il a donc un devoir particulier de ne pas entretenir la confusion entre climat et météo. Le divorce entre science et journalisme débute ici pour moi.

Sur l'influence des lobbys

Isabelle : Peut-on parler de la communication des lobbys industriels ? Est-ce qu'on les retrouve derrière Vincent Courtillot et Claude Allègre ?

Olivier : Il serait réducteur et malhonnête de faire de ces deux personnalités les porte-parole payés de X ou Y. En revanche derrière la vague climato-sceptique récente, en particulier aux États-Unis, il y a des intérêts et des financeurs.

Sylvestre : Je ne le pense pas non plus. Courtillot et Allègre n'ont pas besoin d'autres motivations que les leurs. En revanche, c'est une évidence que les lobbys interviennent dans le dossier climatique, principalement au niveau de la diffusion de messages en direction du public et des décideurs. Quelques exemples...
Les industriels du nucléaire développent aujourd'hui une véritable propagande-publicité pour dire qu'ils répondent au problème climatique avec leur proposition technologique énergétique. C'est évident que la manière dont ils vont présenter la science du climat va être biaisée par cet objectif. Ils font de la publicité, ils ne font pas de l'information.
D'autres industriels, qui vont avoir une image plus « sympathique », tels que les fabricants d'éoliennes – encore que Areva fasse les deux, centrales nucléaires et éoliennes – et le syndicat français des énergies renouvelables, font eux aussi de la publicité : « Utilisez les panneaux photovoltaïques, utilisez l'énergie solaire, utilisez la géothermie, etc., pour lutter contre le réchauffement climatique. » Ces industriels ont donc tous ajouté dans leur argumentaire de vente quelques lignes extrêmement simplificatrices sur le climat. Et quand on additionne tous ces acteurs, on voit bien comment le public et les décideurs vont être submergés par une série de messages dont l'objectif est très clair : c'est de vendre quelque chose, pas de diffuser des vérités sur le climat.

Certains veulent vendre des éoliennes, des panneaux photovoltaïques, d'autres des messages politiques et des candidats aux élections, etc.
Il est évident que si on ne tient pas compte du fait qu'il y a tout simplement des intérêts – et pas seulement des idées – dans cette « controverse », on ne la comprend pas. Mais d'un autre côté, je pense qu'il ne faut pas chercher à expliquer chacun des messages émanant de certains individus, et notamment de certains scientifiques, par ce genre de considérations. Ce n'est plus le sujet principal, même si on peut retrouver telles ou telles accointances ou financement entre tel ou tel émetteur de messages – y compris scientifiques, – et une institution ou une firme industrielle intéressée par une issue du débat politique favorable à ses intérêts. On l'a très bien vu, notamment aux États-Unis, avec la constitution de lobbys des compagnies pétrolières et charbonnières qui ont financé l'émission de messages anti-sciences du climat. Je pense que tout cela est vrai, que le poids des lobbys est incontestable, mais que même sans, les débats continueraient.

Isabelle : Est-ce que des industriels, on imagine bien les industries pétrolière, charbonnière et automobile – utilisent les arguments de Courtillot et Allègre ?

Sylvestre : Non, et je prends un exemple très précis : Vincent Courtillot est membre du comité scientifique de suivi de la première expérience menée en France de captage et stockage du CO_2 qui est faite par Total à Lacq. Et bien évidemment, en tant que directeur de l'IPGP, il va essayer d'avoir des contrats avec l'industrie sur le problème du stockage du CO_2 qui est une résultante directe du problème climatique, puisque la seule raison pour réaliser ce type d'opération pour un industriel est d'éviter de payer une taxe sur ses émissions, si elle est plus élevée que le coût du stockage.

Isabelle : Mais alors, si même les industriels du carbone fossile n'utilisent pas les arguments des climato-sceptiques, quel est l'intérêt des médias de relayer autant leurs arguments ?

Olivier : Une partie de l'opinion publique n'aime pas qu'on lui dise qu'elle doit changer son mode de vie, aller éventuellement vers moins de consumérisme (les voyages réguliers dans des îles paradisiaques, les sacro-saintes semaines passées au ski, les week-ends à la campagne, que sais-je encore). Or prendre au sérieux le changement climatique, cela veut dire réinvestir dans l'isolation des maisons, dans le changement de voiture, peut-être déménager pour réduire la distance domicile-travail, etc. Cela veut dire un peu moins de consommation pour le plaisir, les sorties, les vacances, les week-ends à l'autre bout du monde… C'est incontestablement une gêne pour un mode de vie centré sur le bien-être immédiat que de prendre au sérieux le changement climatique. Les positions comme celle de Christian Gérondeau, le défenseur du lobby automobiliste, qui a écrit un livre intitulé *CO_2, un mythe planétaire*[1], n'ont pas d'autre objet que de protéger le confort idéologique des automobilistes qui veulent continuer à utiliser la voiture comme ils le veulent et autant qu'ils le veulent sans que l'on vienne les embêter. Les journaux le savent, ils ont une clientèle sur ce créneau. Donc, les messages à contenu « sceptique » ne sont pas directement téléguidés par des intérêts identifiés tels que les pétroliers – qui campent tout de même en arrière-plan –, mais sont dirigés vers l'opinion publique et non vers les scientifiques. Les médias dépendent de leur lectorat, ils sont obligés d'en tenir compte et de sentir le vent. On voit très bien comment, avant Copenhague, le vent soufflait de deux côtés : le vent dominant disait qu'on allait assister à un tournant majeur et participer à une grande œuvre mondiale, la résolution du problème du climat. Il s'en dégageait un sentiment de solidarité émergente à l'échelle mondiale avec en particulier le concours des ONG du monde entier, etc. ; le vent contraire soufflait déjà, néanmoins ; le Climategate avait été lancé, et Courtillot et Allègre étaient évidemment déjà dans le circuit avec leurs idées les portant au dénigrement. Le basculement de certains médias s'est opéré ensuite, après la conférence de Copenhague qui n'a pas été le succès attendu, surtout pour l'Europe. Pourquoi cet échec se demande chacun ? L'explication est toute trouvée. C'est que « les raisins étaient trop verts ». S'il y a eu un échec c'est parce que la cause du climat n'était pas digne d'être défendue, et si elle n'était pas défendable c'est que la science qui en constituait le fondement était une science de mauvaise qualité, qui plus est manipulée idéologiquement.

1. C. Gérondeau, *CO_2, un mythe planétaire*, Les éditions du Toucan, 2009.

Puisqu'il y a eu un échec à l'échelle mondiale, la tentation va dans le sens du repli sur le pré carré : « Qu'on ne nous embête plus avec ça, on a déjà assez à faire avec la crise ».

La communication des scientifiques

Isabelle : Est-ce que la circulation des informations scientifiques (publication, *peer review*, communiqué de presse, relais journalistes…) est un bon système ?

Olivier : De manière plus large, on peut aborder la question de la responsabilité des scientifiques : le GIEC est une machine mondiale, ce qui la rend suspecte, comme aux États-Unis où se diffuse l'idée d'un complot mondial pour ruiner l'Amérique et l'asservir. On aurait peut-être intérêt à ce que des scientifiques français s'organisent pour produire régulièrement une vue de la science française sur le climat à l'attention des citoyens français. C'est ainsi que le National Research Council américain (organisme gouvernemental de recherche) établit des rapports à la demande des autorités de ce pays.

Jérôme : J'ai proposé il y a deux ans dans une réunion du Comité national français du changement global (CNFCG), que l'Institut national des sciences de l'Univers (INSU) prenne en main un portail Internet qui soit un vrai portail fédérateur des questions climatiques au niveau français, avec une graduation de l'information, du b. a.-ba au niveau confirmé. Tout le monde était d'accord sur l'idée, mais on se heurte à la question des moyens. Il faudrait des journalistes, des personnes de formation scientifique pour faire un premier tri, et avoir un comité scientifique qui redirige les questions vers les spécialistes du domaine concerné, etc. Il y a déjà des choses qui existent et qui vont dans ce sens, comme le blog d'Hervé au LMD.

Isabelle : C'est un nouveau métier de médiation entre science et société.

Jérôme : Peut-être, car si les journaux sont de plus en plus vides de science, les gens vont de plus en plus chercher de la connaissance sur Internet, avec le risque de tomber sur des sites de type « pensée unique ».

Incontestablement, c'est une gêne pour un mode de vie centré sur le bien-être immédiat que de prendre au sérieux le changement climatique.

Sylvestre : Il faut parvenir à mettre en place quelque chose qui soit très réactif et incontestable sur le contenu et sur la forme. Il faut qu'en quinze lignes maximum l'internaute lambda ait une réponse claire, surtout pour les questions à chaud.

Jérôme : Si on regarde avec un petit peu de recul comment la question climatique a été traitée ces dernières années, on voit que nous sommes aujourd'hui dans une phase où la mouvance climato-sceptique occupe le devant de la scène médiatique, occupation symbolisée en France par l'omniprésence d'Allègre et Courtillot. Mais si on revient quelques années en arrière, il faut bien reconnaître que certains messages scientifiques ont été très mal transmis dans les médias dans le sens du catastrophisme, et je pense que la communauté scientifique n'est pas complètement « innocente » sur ce terrain-là. On doit se révolter quand les travaux sont déformés dans le sens du catastrophisme, tout autant que lorsqu'ils le sont dans le sens du climato-scepticisme.
Je pense notamment – enfin, j'ai cette impression-là parce que je travaille sur les grandes échelles de temps, c'est l'apanage des carottes de glace ! – qu'il y a une tendance issue d'une partie de la communauté scientifique travaillant sur les données satellites à considérer que la Terre s'est formée il y a 25 ans à peu près, avec les premiers satellites. Or le recul dont on peut disposer sur certains phénomènes observés avec les satellites est extrêmement petit par rapport au temps caractéristique d'évolution du phénomène. Et cela n'a pas empêché cette communauté scientifique, qui évalue ces données de la manière la plus objective possible, de conclure à des points qui, à mon avis, étaient exagérés ou qui prêtaient à exagération par les militants écologistes et certains médias.

Isabelle : Quels points par exemple ?

Jérôme : je vais prendre un exemple très concret : cela fait quelques années que l'on se sert de différents satellites (altimétriques, radar, gravitationnels) pour évaluer l'évolution de la masse de glace couvrant l'Antarctique. À partir de ces quelques années d'observation, on déduit une tendance. Or quand on connaît le milieu, notamment la forte variabilité de l'accumulation de neige aussi bien dans l'espace que dans le temps à la surface de ce continent immense, on sait qu'il n'est pas

raisonnable d'utiliser quelques années de mesures pour tirer des conclusions fortes. Que l'on dise que l'outil est intéressant, qu'il est capable effectivement de mesurer de petites différences d'altitude, dans le cas de l'altimétrie laser par exemple, c'est une chose, mais quand on en arrive ensuite à la conclusion – qui a été relayée par les médias – que l'Antarctique aujourd'hui est en train de perdre de la masse (ce qui est probablement vrai à l'échelle de 10 ans mais peut-être pas à plus grande échelle de temps) avec ce que cela sous-entend dans la tête du commun des mortels (« Le climat se réchauffe, alors l'Antarctique fond ! Au secours ! »), je pense que l'on a donné le bâton pour se faire battre. La spécialiste Frédérique Rémy à Toulouse a montré il y a quelques années qu'une variabilité relativement faible dans l'accumulation de neige en Antarctique pouvait engendrer des tendances artificielles dans l'altimétrie, et donc dans le bilan de masse que l'on en déduit. C'est vraiment important, quand on parle du climat, d'une part de rester sur du factuel et d'autre part de garder en tête les incertitudes qu'il y a autour de ce factuel. Et je pense que la communauté scientifique travaillant sur le changement climatique n'a pas toujours été correcte dans sa façon de traiter ces incertitudes et sur l'information donnée au public. Alors bien sûr, elle a peut-être été aidée en cela par un journalisme en quête d'extraordinaire. Mais la responsabilité des scientifiques c'est aussi de dire : « Attention, on n'a que deux ans de recul, ce n'est pas avec ça que l'on va conclure. » Ce qui ne remet pas pour autant en question d'autres données sur le long terme qui effectivement nous disent qu'il y a un problème.
Allègre et Courtillot sont des géologues-géochimistes, qui ont l'habitude de travailler sur des échelles de temps de millions à centaines de millions d'années. Pour eux ce qui se passe aujourd'hui, c'est une pichenette, qui a finalement peu d'importance (sauf à dire que le CO_2 acidifie dangereusement l'océan, le crédo de Claude Allègre). Ce qui est complètement vrai aux échelles de temps géologiques. C'est une position que je retrouve assez souvent dans la communauté des géologues et des géographes, qui reproche aux physiciens, chimistes et biologistes qui travaillent sur le système climatique d'exagérer quelque chose qui finalement est peu de chose en regard de l'histoire de la Terre.

Sylvestre : Et c'est vrai ! C'est pour ça qu'un slogan tel que « Sauver la planète » est un vrai drame. Les transformations climatiques que nous sommes en train de produire sont effectivement une « pichenette » au sens où une fois qu'on aura brûlé tout le carbone fossile de nos réserves et qu'il y aura eu des transformations climatiques, dans quelques millions d'années on n'en parlera plus, et ça ne sera pas grand-chose dans les archives climatiques qu'étudieront les successeurs de Jérôme Chappellaz.

Jérôme : Pas si sûr en fait. Ce sera peut-être comme la transition climatique paléocène-éocène il y a 55 millions d'années : effectivement il y a eu un réchauffement planétaire de 8 à 10 °C et puis 100 000 ou 200 000 ans plus tard un retour aux conditions initiales. On soupçonne de gigantesques dégazages d'hydrates de méthane d'être à l'origine de ce réchauffement climatique. Cela a quand même laissé une belle trace dans les enregistrements géologiques, sur lesquels les climatologues et géologues s'excitent beaucoup actuellement... Nos descendants feront peut-être de même sur l'anthropocène !

Sylvestre : Le changement climatique actuel, même s'il est bien peu de chose en regard de l'histoire de la planète, aura des impacts importants sur la biodiversité – probablement beaucoup moins importants que les grandes extinctions du passé. Mais le problème ici n'est pas de savoir si la Terre sera différente dans 5 millions d'années, mais si dans 50, 60 ou 80 ans, les sociétés humaines n'auront pas à gérer un problème... ingérable. Le problème n'est pas non plus la fin de l'espèce humaine ou je ne sais quel autre scénario catastrophe agité par des écologistes extrêmistes.

Par contre, il y aura environ 8 milliards d'êtres humains sur Terre en 2060 et le problème c'est de savoir s'il y en aura comme aujourd'hui 1 milliard qui n'ont pas assez à manger, en quantité et en qualité, ou est-ce que l'on sera capable de donner à manger à tout le monde ?

Isabelle : Effectivement, parmi les scénarios alarmistes il y a celui de l'évolution de l'atmosphère terrestre vers une atmosphère invivable, comme celle de Vénus. Des scientifiques estiment que ce risque n'existe pas : la Terre étant située juste à la bonne distance du Soleil, elle serait régénérée, etc. Alors finalement, le changement climatique met-il en danger l'espèce humaine ou pas ?

Olivier : Je ne suis pas d'accord avec la formulation de Sylvestre, car l'univers des possibles n'est vraiment pas borné face à la question climatique. Aujourd'hui, les connaissances disponibles ne permettent pas une telle affirmation. C'est pour ça que j'aime à citer l'article de Martin Weitzman[1], économiste et statisticien de Harvard, pour qui les perspectives de dommages climatiques dépendent de la formalisation statistique utilisée pour composer les résultats des différents modèles climatiques. Avec les modèles statistiques dits « à queues épaisses », sur lesquelles les recherches contemporaines se concentrent, on ne peut pas exclure la possibilité que la planète se retrouve à long terme dans un climat plus chaud de plus de 10 °C, en moyenne, que l'actuel. Weitzman a même calculé, à partir des rapports du GIEC et des exercices de modélisation climatique les plus récents, que cette possibilité a une probabilité d'environ 5 %, ce qui est énorme. Or on ne peut pas décrire de façon scientifique à quoi ressemblerait notre planète avec 10 °C de plus en moyenne, compte tenu de l'importance des changements de toute nature qui seraient associés à ce type de réchauffement. Il n'est pas exclu en particulier que la plupart des espèces vivantes qui forment notre environnement aient alors disparu. Dans ces conditions il y a bien, au bout de l'aventure climatique, une incertitude sur le devenir de l'humanité en tant qu'espèce, même si cela ne prend pas la forme d'une disparition totale.

Jérôme : Il faut aussi voir ce que l'on met derrière le terme « température », car il existe des populations qui vivent avec des températures de 50 °C et qui n'en meurent pas. La problématique concerne essentiellement les ressources en eau et les ressources agricoles : comment on va boire et comment on va manger ? Je vais prendre un exemple très concret : aujourd'hui les glaciers des Andes sont en train de disparaître. Non, ce n'est pas à l'horizon 2035 comme la fameuse coquille du groupe II du GIEC concernant les glaciers de l'Himalaya, mais ils vont disparaître.

1. M.L. Weitzman, « On modeling and interpreting the economics of catastrophic climate change », *Review of Economics and Statistic*, February, 91 (1), 2009, pp. 1-19.

Par exemple, le glacier Chacaltaya en Bolivie, qui culminait à presque 5 400 mètres d'altitude, a complètement disparu en 2009. On estime que la ligne d'équilibre des glaciers andins pourrait s'élever de 400 mètres d'ici la fin du XXIe siècle, ce qui veut dire la disparition inéluctable des glaciers dont la zone d'accumulation s'étend 400 mètres au-dessus de la ligne d'équilibre actuelle. Or les glaciers andins constituent un apport en eau essentiel à la saison sèche pour l'agriculture, notamment en Bolivie et au Pérou, et jouent un rôle de tampon : ils stockent de l'eau pendant la saison humide, et en larguent pendant la saison sèche. Donc s'il n'y a plus de glaciers, il n'y a plus de relargage d'eau au bon moment. Quelles sont alors les solutions de l'agriculteur ? Soit il adapte ses cultures, soit il bouge, soit le gouvernement construit des barrages pour se substituer aux glaciers. C'est ça le problème essentiel. Il y aura un moment où à la surface de la planète, par endroits, les conditions de maintien des populations sur la base de la disponibilité en eau et en nourriture ne seront plus tenables. Un enjeu majeur de la question climatique, c'est que ces populations ne vont pas se laisser mourir là où elles se trouvent : elles vont bouger. Il s'agit donc d'enjeux géopolitiques : comment on gère ces migrations de population ? Comment on gère les débits des fleuves ? Ce n'est pas de savoir s'il va faire 4 ou 5 °C de plus, on s'en fiche, c'est comment effectivement on va être capable de s'adapter de manière à ce que chacun ait à boire et à manger, et où on ira chercher ce « à boire » et « à manger » ?

Catastrophisme des uns, *understatement* des autres

Olivier : On a parlé de catastrophisme et d'exagération, mais j'aimerais bien que l'on arrive à préciser le concept de « catastrophisme ». Je m'y suis essayé dans le cadre du débat sur le principe de précaution, de la façon suivante : le catastrophisme consiste d'abord à considérer différents scénarios possibles – parmi lesquels se trouve être le « scénario du pire » – puis à concentrer toute l'attention sur le seul scénario du pire. Alors le catastrophiste décide de faire comme si le scénario du pire était certain pour dimensionner et organiser l'action de prévention au service de laquelle il mobilise toutes les ressources à sa disposition afin d'éviter que ce scénario ne se produise.

Quand on s'inscrit dans une telle démarche, on est intellectuellement un catastrophiste. Ce que l'on appelle « catastrophisme » au sens ordinaire, ce n'est donc pas le fait de se soucier de catastrophes possibles en vue de les prévenir. Ni pour les scientifiques de faire valoir la possibilité de catastrophes, quand cette possibilité fait partie de leurs résultats. Cette attitude c'est tout simplement la prudence, pour les premiers, et l'honnêteté, pour les seconds. Le catastrophisme est une forme extrême, que l'on peut juger pathologique, de la prudence. Comme norme générale de comportement, il est pétri de contradictions.

Dans ce contexte, la question se pose de savoir comment parler aux citoyens ou aux politiques de possibilités de scénarios catastrophes sans tomber involontairement dans le catastrophisme. La possibilité d'évolutions réellement catastrophiques à l'échelle planétaire existe bien, en effet. Quel crédit, quel poids leur donner ? Ça me paraît être une vraie question, dans la mesure où l'objectivité qui s'impose pour rendre compte des travaux de la science nous oblige à parler de cela aussi, et pas seulement à ne mettre en avant qu'un scénario moyen.

Ainsi, contrairement à ce qui est dit sur l'exagération dont les scientifiques du climat seraient coupables – il doit bien y en avoir –, globalement les rapports successifs du GIEC me paraissent surtout faire de l'*understatement,* ils donnent une version « soft » de l'état des connaissances. Comme on l'a déjà dit, cela tient aux procédures de fonctionnement du GIEC mais aussi au fait psychologique qui est, pour des chercheurs soumis à un feu nourri de critiques en tous genres depuis près de deux décennies, la volonté de « faire sérieux » et pas seulement « d'être sérieux » dans l'exercice de leur travail. Cela amène certains chercheurs à ne pas écrire tout ce qu'ils ont en tête ni tout ce qu'ils trouvent dans les simulations de leurs modèles : pour ne pas être taxé d'exagération, mieux vaut rester en deçà de la réalité du spectre des hypothèses de travail explorées. D'où le sentiment fréquent, dans la durée, que tout se passe en réalité beaucoup plus vite que ce qui avait été prévu et annoncé par les chercheurs, et que l'on est en permanence confronté à des surprises. Ce qui amène des réactions du type : « Vous n'avez pas été fichus de prévoir correctement les choses !

Comment donc pourrions-nous croire à vos projections pour l'avenir ? » Il faudrait donc, à mon avis, nuancer le jugement sur l'existence d'un biais systématique portant à l'exagération – même si, bien entendu, il n'y a pas de comportement homogène de toute la communauté scientifique. Par exemple, est-ce que James Hansen est un « catastrophiste », au sens où je l'ai défini ?

Sylvestre : Selon moi, la réponse est oui. Je voulais justement parler de Hansen, qui est le leader de l'équipe américaine du Goddard Institute For Space Studies (GISS) de la NASA. Hansen ne produit pas seulement des articles scientifiques qui sont très peu contestés sur la mesure des températures, il a aussi un discours en direction du grand public et des décideurs américains. Et ce discours est extrêmement critiquable. Je ne prends qu'un exemple de messages qu'il utilise : il lui est arrivé de comparer les trains qui apportent le charbon dans les centrales électriques aux États-Unis aux trains qui emmenaient les Juifs à Auschwitz, en disant que ce sont des trains de la mort. Bien évidemment si Hansen tient ce discours, c'est qu'en tant que personne il est extrêmement impressionné par les résultats de son travail et ceux de ses collègues modélisateurs. Il en est arrivé à avoir une appréciation très pessimiste, à la fois sur l'évolution climatique et sur la capacité des sociétés à prendre de bonnes décisions à temps pour atténuer les risques. Il est, peut-on dire, en fin de carrière et de vie, et ce pessimisme s'accroît dans la mesure où il constate amèrement que la réaction des sociétés est très lente. Il faut bien voir que c'est tout de même quelqu'un qui est en contact avec la direction politique de son pays au plus haut niveau depuis plus de vingt ans, qu'il a notamment subi des pressions émanant de la Maison Blanche pendant la période G. W. Bush… Et dans une telle situation, il se dit probablement qu'il faut sonner le tocsin pour que l'opinion publique s'insurge. Et comme il s'adresse aux Américains, il a du mal à penser qu'il va y arriver avec une courbe absconse. Donc il sort ce genre d'arguments, dont l'effet boomerang est extrêmement dangereux. Et en même temps les scientifiques sont des hommes, ils ont aussi leurs propres sensibilités idéologiques, leurs propres croyances, etc. L'important, c'est que cela ne change pas le résultat de leur travail. Il ne s'agit pas de les empêcher de s'exprimer en tant que personnes. Cependant, il serait tout de même souhaitable que les scientifiques se concertent et soient capables de dire à Hansen qu'il devrait éviter les parallèles avec la Shoah.

Olivier : Il a aussi dit que tous ceux qui installent de nouvelles centrales à charbon sans capture et séquestration du CO_2 devraient être traînés devant un tribunal pour crimes contre l'humanité. Manifestement, quand il dit ça, son discours n'a plus rien de scientifique. C'est une prise de position morale qui tient compte de son savoir sur les dangers immenses qu'il perçoit. Je ne dirais donc pas que c'est un idéologue, parce qu'il fait la part des choses entre propos scientifiques et opinions personnelles. Mais il s'inscrit dans une attitude intellectuelle « catastrophiste » lorsqu'il présente ses recommandations sur la politique à suivre. Allègre, lui, fait de l'idéologie, précisément parce qu'il prend l'habit du scientifique et un langage pseudo-scientifique, sans se plier aux règles scientifiques, pour dire des choses qui n'ont rien à voir avec la science, mais tout à voir avec la politique. Hansen ne fait pas ça, il s'appuie sur la science pour formuler un discours qui ne parle plus de science, mais de jugement moral. On peut ne pas être d'accord avec les jugements moraux qu'il forme, mais je ne crois pas que l'on puisse dire que c'est un idéologue. Par ailleurs, n'étant pas climatologue je ne peux pas dire si c'est un bon climatologue ou pas, mais j'ai l'impression que c'est le cas…

Jérôme : Moi qui ai fait mon post-doc au GISS, et qui ai eu la chance de côtoyer Hansen et son équipe pendant quelque temps alors qu'allait sortir le premier rapport du GIEC, je peux vous dire que dans leur domaine ils ne sont pas critiquables. Il faut aussi insister sur le fait que le vécu qu'il a pu expérimenter en termes de pression est assez unique. Je ne pense pas qu'il y ait d'autres chercheurs dans la communauté de ceux qui travaillent sur le climat terrestre, à part peut-être Phil Jones, qui ont subi des pressions comme celles que Hansen a pu subir. Je pense qu'à un certain moment doit aussi se développer une forme de paranoïa résultant du harcèlement subi qui fait que le discours devient excessif.

L'approche économique de la question climatique

Le rapport Stern ou le coût du changement climatique

Olivier : Ce qui me frappe dans le tableau dressé par le rapport Stern, déjà évoqué, et dans les rapports du GIEC, c'est que pour l'instant on est dans « l'épaisseur du trait » du changement climatique. C'est-à-dire que ce qui apparaît comme des changements significatifs aux yeux des climatologues qui ont regardé le xxe siècle, par exemple le décalage d'un mois en cinquante ans de la date des vendanges en France, le fait que certains insectes migrent plus au nord, que la végétation se déplace... tous ces changements écologiques souterrains qui se manifestent déjà sont bien peu de choses par rapport à l'ampleur des changements attendus à partir de 2050, et pour la plus grande part à partir de 2100. Autrement dit, à un horizon temporel qui n'est pas pertinent pour les pratiques habituelles de décision, tant économiques que politiques. S'il est pris au sérieux, le changement climatique demande d'engager des actions vigoureuses à court terme (taxe carbone, investissements dans de nouvelles infrastructures, inflexion des modes de vie, etc.) en fonction d'une perspective dont le sens n'apparaît véritablement que dans plus d'un siècle. Et ça, nous ne savons pas bien faire dans nos démocraties : ni les médias ni les politiques ni les forces économiques n'ont l'habitude de ce type de situation.
Le rapport Stern propose une évaluation jusqu'à l'an 2200. C'est une date arbitraire et les choses ne vont pas s'arrêter tout d'un coup en 2200. Mais c'est déjà un temps très long par rapport aux horizons habituels de l'analyse économique. En fait, on voit que beaucoup dépend de la manière de représenter les choses possibles, les choses probables, et les phénomènes extrêmes assez peu probables mais pas exclus dans la grande pondération d'ensemble de l'analyse de la fonction de dommages. C'est comme ça que Stern aboutit à chiffrer les dommages climatiques en cas de laisser-faire comme l'équivalent, en flux annuels régularisés, d'une perte, chaque année,

de 5 à 20 % du produit intérieur brut (PIB) annuel à partir d'aujourd'hui et pour toujours.

Isabelle : Peux-tu définir brièvement les notions de pertes et de PIB, et leur relation économique ?

Olivier : L'estimation des pertes résulte d'une évaluation économique comparant une situation de référence « en l'absence de changement climatique » et un scénario de laisser-aller climatique ; l'agrégation de toutes sortes de dommages (pertes de production agricole, pertes de biens immobiliers, destruction de réseaux, incidences sanitaires, difficultés d'approvisionnements, pertes d'espèces naturelles) est faite au regard d'un critère de bien-être économique, lui-même défini à partir des fonctions de préférences des consommateurs, telles que les révèlent les prix de marché, pour les biens marchands. Le tout est ramené à un pourcentage du PIB, supposé être, dans ce genre d'exercice, l'indicateur de la mesure du bien-être. Le PIB est approximativement la somme des revenus de tous les agents d'un pays pendant une année. C'est un flux. Et la conclusion de Stern – qui a fait du bruit à l'époque – c'était de dire : si on laisse faire, le changement climatique impliquera des dommages équivalents, en valeur actuelle, à ce que représenterait une perte annuelle de l'ordre de 5 à 20 % du PIB mondial. La fourchette reflète non pas une incertitude dans l'estimation, qui existe par ailleurs, mais l'étendue des catégories de dommages prises en compte. À 5 % on ne considère que les dommages productifs. À 20 % il y a également les pertes en vies humaines, les pertes écologiques et la prise en compte du fait que les victimes des dommages seraient surtout les populations pauvres des pays en développement. En fait, comme je l'ai dit, les pertes auraient un profil de croissance fortement marqué. Jusqu'en 2050, il n'y aurait que des broutilles, pesant peu sur le PIB mondial, même si localement ou ponctuellement, des impacts peuvent déjà être sévères. Les dommages commenceraient vraiment à se faire sentir économiquement à partir de 2050, et s'amplifieraient en 2100. Ils seraient encore beaucoup plus élevés en 2200 (en 2200 on pourrait être à 35 % ou à 40 % du PIB qui aurait été obtenu autrement, en l'absence de changement climatique).

S'il est pris au sérieux, le changement climatique demande d'engager des actions vigoureuses à court terme (taxe carbone, investissements dans de nouvelles infrastructures, inflexion des modes de vie, etc.) en fonction d'une perspective dont le sens n'apparaît véritablement que dans plus d'un siècle.

Isabelle : Mais comment évalue-t-il le PIB en termes de mesures relatives puisque les sociétés sont amenées à évoluer ? Comment peut-on comparer un PIB actuel et un PIB dans 100 ans ou dans 200 ans ?

Olivier : Bien entendu, le contenu des biens va se modifier – notamment en fonction de l'innovation, etc. –, tout comme la structure matérielle de la consommation. Mais dans ses modèles, comme dans les autres de ce type, Stern ne prend pas cela en compte directement. Il considère qu'il y a un niveau d'activité à un moment donné qui se partage entre consommation et investissements (pour simplifier), et il projette l'idée que le taux de consommation par tête va augmenter en volume de 1,3 % par an en termes réels pendant 200 ans. Et par rapport à ce niveau de référence, si on ne fait rien sur les émissions de gaz à effet de serre, l'évaluation monétaire des dommages représentera 5 à 20 % de pertes en moyenne pour l'éternité.

Jérôme : Est-ce que ce modèle comprend des « boucles rétroactives » permettant de prendre en compte le fait qu'à partir du moment où on sera à – 20 % de PIB, les émissions de gaz à effet de serre vont nécessairement être réduites ?

Olivier : Non, il n'y en a pas dans son modèle. Cette absence de boucles est d'ailleurs le reproche qu'on lui a fait. Mais il s'agit, non de prévoir un comportement réel, mais de tester ce qui se passerait si l'humanité, pour toutes sortes de raisons, continuait à faire une politique de l'autruche, en étant absorbée par d'autres enjeux. Pour éclairer ce point, il ne faut pas oublier la formidable inertie climatique. Au moment où le gros des dommages serait subi, les hommes n'y pourraient plus grand chose ; ils pourraient seulement chercher à s'adapter au mieux pour limiter l'impact humain des événements à travers lesquels le changement climatique se manifesterait. Le propos de Stern est de montrer que l'humanité a un intérêt économique à engager sans délai une transformation du fonctionnement énergétique de l'économie dans le sens d'un bas profil en carbone car cela lui coûterait certes, mais en moyenne de 5 à 10 fois moins que le laisser-faire climatique.

Jérôme : Et est-ce que les situations géopolitiques de conflits et de guerres sont intégrées dans ce genre de modèle ?

Olivier : Pas dans les scénarios modélisés eux-mêmes, qui couplent des équations de modèles de croissance avec des maquettes climatiques et des fonctions de dommages. Dans le rapport Stern, il y a un chapitre qui fait de la modélisation de ce type de situation, et puis il y a huit autres chapitres qui sont soit de la compilation de données sur les différents types d'impacts, soit des conclusions sur les orientations politiques à mener, sur le régime post-Kyoto, sur les instruments, les taxes, les marchés de permis, les coûts par secteur, les innovations techniques attendues, les bilans pour l'agriculture, pour la forêt, sur la coopération internationale, etc. Mais tout le monde n'a retenu évidemment que le message en termes de coûts que je viens de rappeler rapidement. Les aspects tels que les guerres et les migrations sont dans le commentaire littéraire, mais ils ne sont pas dans le modèle lui-même.

Sylvestre : Les groupes II et III du GIEC – qui traitent de l'économie, de la sociologie, de la géographie, de l'impact et de la recherche des politiques susceptibles de maîtriser les émissions de gaz à effet de serre – ont été, si je puis utiliser ce terme, « contaminés » par les méthodes de travail du groupe I, et c'est un problème. Le groupe I fait ce que l'on appelle de l'« expertise collective » : c'est un groupe de scientifiques qui prend la littérature scientifique – autrement dit les publications dans les revues à comité de lecture – et en fait une revue de synthèse. Donc ce genre de rapport ne dit pas ce qui est vrai, il donne simplement l'état de la science. Alors ça marche bien pour la physique du climat, parce que personne n'imagine d'aller chercher ailleurs que dans la science produite sous la forme de publications quelque chose de pertinent sur la physique du climat. En revanche, quand on se penche sur l'économie, sur les projections de scénarios économiques et sur la réflexion politique, on voit apparaître les problèmes. Certes, il y a une littérature et il faut commencer par ça pour faire cette expertise collective, mais il faudrait élever le niveau critique de cette revue. Par exemple, l'énorme majorité des économistes ne publient jamais sur quelque chose impliquant des projections à un siècle, car ce n'est pas ça qu'on leur demande habituellement. Du coup, la validité scientifique par rapport à l'évolution d'une discipline tout entière est biaisée. Par conséquent, concernant l'analyse des dommages et intérêts, il apparaît extrêmement difficile, voire impossible, d'utiliser les outils économiques traditionnels (PIB, actualisation...) pour se projeter sur un siècle – et encore plus sur deux siècles.

Par exemple, il semble évident que les ressources physiques (ressources énergétiques, ressources alimentaires, sols, végétations naturelle et domestique, etc.) doivent nécessairement borner l'exercice. Or ce n'est pas le cas dans les modèles économiques, et il est très difficile de faire des modèles réalistes intégrant ces paramètres sur un siècle – et encore plus sur deux siècles. Cela veut dire qu'il faut réhabiliter le raisonnement qu'Olivier a qualifié de littéraire pour notamment borner l'exercice.

Isabelle : Autrement dit, injecter plus de concret, voire de bon sens, dans les modèles économiques.

Sylvestre : Oui c'est ça. On peut aussi se demander si les calculs macro-économiques sont vraiment les outils d'aide à la décision les plus utiles ? Je prends un exemple qui est caricatural mais qui est facilement compréhensible : si le changement climatique provoque des problèmes en termes de ressources alimentaires, comment peut-on monétariser le fait que des gens meurent de faim ? Cela aurait un sens s'il suffisait d'avoir de l'argent pour résoudre le problème. Imaginez par exemple que, pour des raisons climatiques, la production en Afrique subsaharienne ne suive pas l'augmentation démographique. Pour que les gens ne meurent pas de faim, il n'y a que deux solutions : soit ils achètent à manger, et cela ça suppose qu'ils aient de l'argent, donc qu'ils aient vendu quelque chose à l'extérieur ; soit on leur donne à manger.

Il suffit de parler un peu avec des spécialistes de la question à la FAO (Organisation des Nations unies pour l'alimentation et l'agriculture) et ils vous diront que pour que les gens aient à manger à l'échelle des grandes régions comme l'Afrique, il faut qu'ils produisent l'essentiel de ce qu'ils mangent. Donc à partir de là, si l'un des risques du changement climatique c'est l'évolution de la production alimentaire dans les zones arides de la planète, toute appréciation du problème *via* des indicateurs comme le PIB n'est pas seulement moralement inacceptable, parce que cela veut dire que vous fixez un prix à l'existence des gens – même si les assurances font ça couramment –, mais est aussi inefficace, parce que la solution au problème réside dans l'aide aux agriculteurs de ces pays à supporter ou à atténuer le choc climatique.

Les modèles économiques : économie du risque ou économie éthique ?

Isabelle : Ce problème de la souveraineté alimentaire, qui est soulevé ici pour le futur, existe déjà dans le présent. Alors comment et pourquoi résoudre dans le futur un problème qui existe actuellement et que l'on n'a pas résolu ? En quoi la mobilisation pour le futur est -elle plus pertinente que la mobilisation actuelle ?

Olivier : Ce sont des questions qui sont effectivement posées dans le débat entre économistes sur le climat. La position de Thomas Schelling[1] par exemple, qui a été reprise par Bjørn Lomborg[2], a été de dire : « Pourquoi faire toutes ces choses-là pour les pauvres des pays du Sud dans un siècle alors que vous ne le faites déjà pas pour ceux d'aujourd'hui. La priorité c'est la croissance économique de tout le monde : vous devriez mettre tout votre argent dans l'accès à l'eau, l'accès aux soins, l'accès à l'éducation de ces populations pauvres pour améliorer leur niveau de vie. La question climatique sera plus facilement résolue, parce que les gens ont d'autant plus de capacité à s'adapter qu'ils sont riches et développés. Le bouleversement du climat dans un siècle et demi ne posera pas de problème majeur si on a développé toutes les populations à l'échelle du monde. Donc ne faites rien sur le climat maintenant et investissez pour accélérer la croissance dans les pays en développement. » Voilà, en résumé, la position de Schelling-Lomborg – il faut préciser que Lomborg n'est pas un économiste mais un statisticien, supposé écologiste reconverti et devenu idéologue à la mode dans certains milieux. Face à cela, Stern dit : « Si vous ne faites rien, c'est comme si cela allait vous coûter 20 % du PIB

1. Voir par exemple T.C. Schelling, « Some Economics of Global Warming », *American Economic Review*, 82(1), 1992, pp. 1-14.
2. Voir son best-seller : B. Lomborg, *The Skeptical Environmentalist – Measuring the Real State of the World*, Cambridge University Press, 2001.

pour l'éternité. » Et pour un économiste, perdre 20 % du PIB pour l'éternité, ce n'est pas la meilleure chose à faire ! D'autant que l'on pourrait mener une politique de réduction de l'effet de serre intelligente et efficace pour un coût de 1 à 2 % du PIB ! Donc, logique économique de base, si pour un coût de 1 à 2 %, vous évitez un coût de 20 %, il n'y a pas photo. Conclusion : il faut le faire et le faire tout de suite.

Le rapport Stern a été fait avec beaucoup de sérieux méthodologique – Stern fait partie de l'establishment économique international, il a été l'économiste en chef de la Banque mondiale et du gouvernement anglais –, et a appliqué les concepts et méthodes économiques les plus couramment admises, comme le cadre coûts/avantages et les modèles de croissance. Il se distingue néanmoins pour le traitement du temps long, la prise en compte des aspects distributifs et celle des risques. Ainsi sa démarche sur le taux d'actualisation diffère de celle de ses collègues américains – comme William Nordhaus[1] – pour lui redonner une assise éthique correcte du point de vue de la théorie philosophique utilitariste qui est la base de la vision économique du monde pour ces théoriciens du « bien-être ». Il pose le postulat que tous les hommes doivent compter de la même manière dans la grande pesée de la fonction d'utilité collective, quelle que soit la date à laquelle ils vivent. Donc on doit accorder le même poids d'utilité à vous qui êtes assis en face de moi qu'à une personne qui vivra en 2150 : on n'a pas de bonnes raisons éthiques de compter sa vie et son bien-être pour moins important que les nôtres. La seule chose qui va modifier tout de même la manière d'évaluer le bien-être des générations futures, c'est que la personne du futur va être plus riche que nous si la croissance continue. En conséquence, il faut prendre en compte l'incidence de la croissance de la consommation future sur l'augmentation du bien-être. Il y a pour cela un postulat économique, qui est celui de l'utilité marginale décroissante du revenu : plus on est riche, moins

1. Nordhaus est l'un des premiers économistes américains à s'intéresser au changement climatique. Son premier article sur le sujet remonte à 1975 : W. Nordhaus, « Can we control carbon dioxide ? », Laxenburg, IIASA, Working Paper 75-63, June, 1975. Il est aujourd'hui l'un des plus connus sur ce champ. Voir W. Nordhaus, « A Review of the Stern Review on the economics of climate change », *Journal of Economic Literature*, 45 (3), 2007, pp. 686-702.

c'est intéressant à la marge d'être encore plus riche, bien que l'utilité additionnelle soit quand même positive. Cela fait écho aux idées de saturation ou de satiété. On met tout ceci dans les équations, ce que Stern a fait avec son équipe de façon explicite et transparente.

La controverse que j'ai évoquée entre Stern et d'autres économistes, en particulier certains ténors américains, repose sur le fait que ces derniers s'en remettaient au marché pour définir les bons taux d'actualisation, en considérant que si les investisseurs voulaient du 6 % ou du 8 % pour investir dans quelque chose, il convenait de respecter leurs préférences : l'économiste n'avait pas, à leurs yeux, à substituer ses propres choix éthiques à ceux que les agents économiques font à travers leur comportement. C'est ainsi que ces économistes utilisaient un taux d'environ 6 % net d'inflation pour aborder le changement climatique, alors que Stern, lui, avec le raisonnement fondé sur l'éthique donnant à chaque génération successive le même poids dans la fonction d'utilité, a pris un taux de 1,4 %.

Cela a des effets considérables sur les recommandations de politique climatique. En résumé, entre Nordhaus qui conclut qu'il n'y a quasiment rien à faire maintenant sinon de la recherche et un peu de réduction – jusqu'à 5 dollars la tonne de CO_2 –, et Stern qui dit qu'il faut y aller tout de suite et massivement pour réduire les émissions de GES, presque tout se joue sur le taux d'actualisation qu'ils ont adopté pour leurs calculs. C'est que, sur 20 ans, les différences entre les deux taux d'actualisation donnent des écarts encore limités, mais sur 200 ans, ces écarts sont explosifs.

Le climat, faux-nez des problèmes énergétiques

Jérôme : Ces modèles considèrent qu'il n'y a pas de limites en termes de ressources physiques énergétiques. Ils ne sont pas bornés tout simplement par le fait que l'on va passer le pic pétrolier, puis le pic gazier…

Olivier : Non, car en fait on sait très bien qu'une fois passé le pic pétrolier, on a le charbon, que le charbon peut être liquéfié pour faire du carburant...

« Si vous ne faites rien, c’est comme si cela allait vous coûter 20 % du PIB pour l’éternité. »

_Nicholas Stern

Donc ces questions de substitution énergétiques qui sont importantes de façon concrète à court et moyen terme, ne jouent pas de façon décisive sur 200 ans. Bien entendu, il faudrait organiser les transitions et assurer les investissements nécessaires, par exemple en construisant les nouvelles usines qui reprendront la carbochimie que l'on avait avant l'ère pétrolière au lieu de faire de la pétrochimie. Cela demande des investissements, mais techniquement ce n'est pas infaisable. Le hic est évidemment que la combustion du charbon émet plus de CO_2 que celle du pétrole et surtout du gaz naturel.

Sylvestre : Le problème du climat ressemble à une médaille : il y a un endroit que tout le monde voit, c'est le climat ; et puis il y a un envers, c'est l'énergie : le charbon, le gaz naturel et le pétrole. Et la formule « nous mangeons du pétrole » n'est pas une formule, c'est la réalité ! Certes aujourd'hui, à la surface de la planète il y a 1,3 milliards de paysans, et environ 1 milliard d'entre eux travaillent uniquement avec leurs mains, c'est-à-dire qu'ils n'ont même pas un âne, 250 millions ont des animaux de trait. Et il y a 28 millions de tracteurs, utilisés par un tout petit nombre de paysans qui nourrissent pratiquement tout le monde « riche ». Grosso modo, on va dire que 30 à 40 % de la population vit avec le travail d'un tout petit nombre de gens, mais qui ont à leur disposition des centaines d'« esclaves mécaniques ». Et le problème, c'est que tous ces esclaves mécaniques ne fonctionnent qu'au pétrole. On peut bien sûr imaginer que les tracteurs soient électriques, mais comme l'électricité aujourd'hui est principalement fabriquée avec du charbon et du gaz, cela revient au même. Donc on mange littéralement du pétrole, parce que si vous enlevez les esclaves mécaniques et la « chimisation », c'est-à-dire les engrais, les produits phytosanitaires, etc., la production agricole des pays riches s'effondre. On meurt littéralement de faim en très peu de temps. J'ai pris l'exemple de la nourriture, mais j'aurais pu prendre l'exemple du logement, des transports et de pratiquement l'essentiel des échanges économiques qui sont fondés sur ce carbone fossile.
Donc le problème, c'est aussi l'épuisement du pétrole d'ici quelques décennies. Il y a bien entendu des discussions entre spécialistes pour savoir s'il reste du pétrole et du gaz pour les 40, 50, 60, 70 ou 80 ans à venir – franchement, cela ne change

pas grand-chose vis-à-vis de ce qu'il faut faire, c'est presque un détail au sens où on voit bien que c'est presque un plus grand service à rendre à nos descendants de leur laisser du gaz et du pétrole, plutôt que de ne pas trop leur changer le climat. D'autant plus que le pic pétrolier peut arriver assez rapidement selon des informations de compagnies pétrolières qui disent qu'en réalité, les producteurs de pétrole auront énormément de mal à dépasser les 90-100 millions de barils de pétrole par jour. Or la Chine est devenue en 2009 le premier marché automobile du monde, alors qu'il n'y a encore que très peu de Chinois, en proportion de la population, qui ont une voiture, sans parler des Indiens. Par conséquent, si on prend la trajectoire de motorisation que l'on a expérimentée jusqu'à présent dans les pays motorisés, les parcs automobiles chinois et indien vont exploser dans les 15-20 ans à venir. Et s'ils explosent, cela veut dire que la demande de pétrole va exploser aussi.

Olivier : Et le prix aussi !

Sylvestre : Effectivement, le prix du pétrole aussi va exploser, puisque la production de pétrole ne suivra pas. C'est peut-être la meilleure nouvelle que l'on puisse avoir... ou pas, puisque comme je l'ai dit tout à l'heure, on « mange du pétrole ». C'est une bonne nouvelle au sens où cela va nous obliger à essayer d'économiser le pétrole et le gaz, et cela va être pareil pour le charbon, mais il va falloir trouver des solutions. Et l'idée – à laquelle croient certains économistes – qu'il suffit de mettre l'argent dans la recherche pour trouver la solution, franchement c'est une pétition de principe. En réalité on vit depuis 150 ans sur la même technologie, fondée sur l'utilisation du carbone fossile. Le moteur à explosion, même si on l'a considérablement amélioré, c'est toujours la même technique de base ! Mettre de l'argent dans la recherche ne suffira pas pour trouver une solution énergétique à temps, alors que malgré tous les efforts qui ont été faits, on n'a trouvé que des moyens dont l'efficacité est marginale, nous le voyons bien. Le développement de l'éolien, du photovoltaïque et des autres énergies renouvelables peut sembler impressionnant, mais la part de ces énergies reste totalement dérisoire dans le bilan énergétique global dominé à 80 % par les énergies fossiles, le nucléaire et l'hydraulique constituant l'essentiel du reste.

Du coup, on arrive à la conclusion suivante, littéraire, qui n'est pas fondée sur des équations et des démonstrations économiques classiques qui permettent d'avoir le prix Nobel d'économie : l'économie d'énergies fossiles, dès maintenant, c'est la voie royale, la seule bonne solution, toutes les autres sont marginales, pour résoudre simultanément le problème du réchauffement climatique et de l'épuisement des ressources fossiles. D'où la critique suivante adressée aux économistes : il est quand même extraordinaire que la plupart des outils économiques considèrent la consommation d'énergie fossile comme un signal « positif » dans le bilan, alors que dans la vie concrète la consommation d'énergie fossile est toujours un coût et jamais un gain. Pour le dire autrement, ce que vous mangez c'est du steak, ce n'est pas le pétrole que l'agriculteur a mis dans ses machines pour vous faire le steak, et moins il y a de pétrole dans les machines qui servent à faire du steak, moins votre steak coûte cher !

Le PIB, un indicateur ambigu

Sylvestre : Revenons à l'économie et aux énergies fossiles, avec un exemple un peu stupide : si vous brûlez du pétrole, ça augmente votre PIB. Plus vous en brûlez, plus vous augmentez votre PIB.

Olivier : Effectivement, le PIB est une mesure de l'activité économique qui suppose que cette activité est utile, qu'elle n'est pas engagée sans bonne raison. S'il y a des destructions, il est utile de réparer, c'est une activité économique et il est normal de la comptabiliser comme telle.

Sylvestre : Mais sans parler de destruction, si vous avez une voiture qui brûle du 100 L aux 100 km, elle contribue plus au PIB en faisant 100 km qu'une voiture qui va consommer 10 L pour faire les mêmes 100 km. Donc on peut se poser la question et la poser à Olivier : est-ce que cet outil n'est pas finalement totalement contre-indiqué pour juger de la pertinence d'une politique énergétique ?

Il est extraordinaire que la plupart des outils économiques considèrent la consommation d’énergie fossile comme un signal « positif », alors que dans la vie concrète la consommation d’énergie fossile est toujours un coût, jamais un gain.

Olivier : La commission Stiglitz[1] sur la mesure de la performance économique et du progrès social, constituée à la demande du président Sarkozy pour réfléchir aux nouveaux indicateurs économiques à utiliser pour appréhender les choix publics, a présenté en septembre 2009 des axes pour améliorer la façon d'approcher le bien-être personnel des citoyens et l'impact environnemental autrement qu'à partir du seul PIB. Elle ne proposait pas de renoncer au PIB, mais de le compléter par d'autres indicateurs, reflétant notamment la perception qu'ont les intéressés de leurs conditions de revenu et de vie. Mais sur le PIB, il y a une ambiguïté. Les spécialistes y voient un indicateur agrégé d'activité, et cela se défend puisque c'est la somme des valeurs ajoutées dans une économie pendant une année ; en soi, c'est une mesure neutre… si on compte tout comme il faut. En réalité on ne compte pas tout : on délaisse le travail ménager non marchand, on ne compte pas les externalités environnementales, on ne compte pas les pertes de la nature, les pertes en patrimoine ; les activités des administrations ne sont pas considérées à leur niveau d'utilité – difficile à estimer objectivement – mais à leurs coûts. Donc chaque spécialiste sait qu'il faut apporter des corrections pour qu'il demeure l'indicateur pertinent de la politique économique.

D'autres, et en particulier les politiques, ont tendance à considérer le PIB comme un indicateur agrégé du bien-être d'une société à un moment donné, ce qui en fait l'objectif central de la politique publique d'un État qui aurait pour but premier d'assurer le meilleur niveau de bien-être de la population. Cette lecture fait écho à l'interprétation de l'économie du bien-être (*welfare economics*). Pour étayer cette interprétation, on doit supposer que les prix reflètent les utilités marginales appréciées par les individus, compte tenu de leur fonction d'utilité et de leurs revenus. En intégrant tout cela, on a finalement un indicateur de flux qui est supposé refléter le bien-être collectif de la société. On peut formuler plus simplement cette hypothèse économique sur la signification du prix : les gens achètent jusqu'à ce qu'ils ne trouvent plus d'intérêt à ce qu'ils achètent. S'ils sont prêts à rouler dans une voiture consommant du 15 L aux 100 km, c'est que l'utilité qu'ils en tirent vaut au moins le prix

1. J. Stiglitz, A. Sen, J.-P. Fitoussi (prés.), Rapport de la Commission sur la mesure des performances économiques et du progrès social. Paris, 2009.

qu'ils y mettent, et donc la présence de cette consommation dans le PIB est justifiée, même si on trouve des voitures consommant du 5 L aux 100 km. Évidemment, ce ne sera pas tout à fait les mêmes voitures, on aura une Ferrari d'un côté et une Clio de l'autre. Mais si certains préfèrent une Ferrari, bien qu'elle consomme du 15 L aux 100 km, cela doit figurer dans le PIB car l'économiste se veut neutre par rapport aux choix des individus et à leurs préférences. Il lui est impossible de dire que, puisque Sylvestre Huet trouve que les Ferrari consomment trop, il faut que tout le monde roule en Clio : ce serait amoindrir le bien-être des gens qui préfèrent rouler en Ferrari. Les économistes se refusent à faire cela, c'est pour cette raison, notamment, qu'ils se prétendent scientifiques, même si leur construction s'articule à une théorie de l'utilité et du bien-être qui a des fondements philosophiques et éthiques et qui, en ce sens, n'est pas strictement objective. Nous touchons ici du doigt les ambiguités de la discipline économique : d'un côté, elle met en œuvre des méthodes rigoureuses, partageables et vérifiables. De l'autre côté, elle s'inscrit majoritairement dans un cadre général qui est celui de l'utilitarisme, et que l'on peut discuter, ou récuser. Et vis-à-vis du climat et du problème de l'actualisation, pour revenir à la question de départ, elle mobilise une méthode qui n'est pas robuste sur la variable essentielle pour piloter les choix. Cela me pose problème. En effet, la méthode économique basée sur une analyse coûts/avantages projetée sur deux siècles est extrêmement sensible au taux d'actualisation, c'est-à-dire à la variable la plus mal cernée par les économistes eux-mêmes ! Nous l'avons dit, deux économistes réputés comme Nordhaus et Stern utilisent des valeurs très différentes, l'un un taux de l'ordre de 6 % et l'autre 1,4 %, et cela change complètement le diagnostic sur l'action à engager. Cette méthode d'analyse n'était pas faite pour de tels choix sur de tels horizons, mais pour des analyses de projets délimités de barrages, de routes, de lignes de chemin de fer, de ports, et d'autres infrastructures de ce type-là. Décider du sort global de l'humanité par rapport à la question climatique avec le même genre de raisonnement est peu crédible car trop d'éléments interviennent de façon mêlée : le rapport au temps, l'équité vis-à-vis des générations futures, l'attitude vis-à-vis du risque, l'attitude vis-à-vis des incertitudes, etc.

Jérôme : Y a-t-il un moyen de faire rentrer la gestion d'une ressource finie, comme la ressource en carbone fossile, dans l'analyse économique ?

Olivier : Oui, c'est même assez banal et cela a été fait depuis 70 ans, c'est ce que l'on appelle la règle de Hotelling : la rente unitaire retirée de l'exploitation de ressources naturelles intrinsèquement rares doit croître au taux d'intérêt qui se dégagerait d'un marché parfait des capitaux.

Jérôme : Donc à partir du moment où on rentre cette donnée, une voiture qui consomme du 15 L aux 100 km ou du 5 L aux 100 km, devient une variable ?

Olivier : Oui, mais normalement les prix des matières premières utilisables ont deux composantes principales – je mets de côté les rapports de force et les marchés imparfaits : la première ce sont les coûts d'extraction, et la deuxième c'est la rente de rareté. Donc le prix peut augmenter pour deux raisons : une augmentation de la rente et une augmentation des coûts d'extraction et de mise à disposition de la ressource (coûts du fret maritime, par exemple). S'agissant de la rente, cela se comprend aisément : pourquoi investir dans un gisement de pétrole ? En elle-même la possession d'un tel gisement ne rapporte rien ; cela ne rapporte que si le propriétaire vend le pétrole qu'il extrait du sous-sol. Il faut aussi le transporter vers les consommateurs et passer par l'étape du raffinage. Le propriétaire pourrait vouloir décider de tout vendre la même année (hypothèse théorique, limitée par les capacités d'extraction). Pourquoi ne le fait-il pas ? Parce qu'il estime qu'en fonction de la raréfaction croissante de la ressource, il pourra vendre plus cher son pétrole demain qu'aujourd'hui. Pour obtenir un taux de rendement équivalent à d'autres types de placement en Bourse, il faut que le prix futur augmente de façon à lui procurer au moins un taux égal à la rémunération de placements alternatifs (en bons du Trésor ou autres valeurs mobilières). Ceci est intégré dans le raisonnement des économistes. On sait qu'*a priori* la structure des prix relatifs doit se déformer dans le temps. Le prix des biens qui sont intrinsèquement rares physiquement va augmenter et à la fin, comme disait Marcel Boiteux, ancien président d'EDF, il n'y aura plus que ceux-là qui compteront vraiment, parce que les biens que l'on sait reproduire de manière industrielle à l'infini, bénéficiant en plus du progrès technique, ne vaudront presque plus rien par rapport à ces raretés définitives que sont les ressources naturelles limitées. L'économie du futur à très long terme sera dominée par ces ressources naturelles. Les économistes ne l'ignorent pas.

Jérôme : Non, bien sûr, mais j'étais surpris que tu dises que l'argument Ferrari *versus* Clio n'intervient pas à court terme.

Olivier : Le PIB est une valeur de flux agrégés pour une période donnée (une année). Quand on fait des projections sur l'avenir, on doit prendre en compte la manière dont le système des prix va se déformer. Mais on le fait plus ou moins bien... Il est plus simple, dans les modèles, d'avoir une structure de prix qui ne bouge pas. C'est valable à court terme mais ne l'est plus à plus long terme. C'est l'un des éléments du débat que le rapport Stern a suscité. L'économiste suédois Thomas Sterner[1] s'est essayé à prendre le modèle de Nordhaus et à lui injecter un taux d'actualisation à la Stern, c'est à dire de 1,4 %. Il aboutit à des résultats similaires à ceux de Stern. Si en plus, il prend en compte une modification de la structure des prix pour refléter la rareté croissante des facteurs naturels, ce sont alors des objectifs encore plus ambiteux (viser une concentration atmosphérique de l'ordre de 350 ppm d'équivalent CO_2) qui s'imposent du point de vue de la rationalité économique, ce qui demande une action très vigoureuse dès le très court terme.

Les économistes face aux paris technologiques

Jérôme : Et comment un économiste gère-t-il le pari technologique ? Effectivement, il y a une ressource finie, mais on peut aussi parier que dans 50 ans la fusion thermonucléaire sera opérationnelle...

Olivier : Il y a différents types de modèles. Il y a des modèles très agrégés et abstraits, purement économiques, dans lesquels on intègre un taux général de progrès technique dans les équations.

1. T. Sterner, and U.M. Persson, « An even Sterner Review – Introducing relative prices into the discounting debate », *Review of Environmental Economics and Policy*, 2 (1), 2008, pp. 61-76.

Concrètement ce taux améliore chaque année la productivité des facteurs de production. Il y a des modèles numériques, qui visent sur un horizon délimité à éclairer ce qu'il risque de se passer à l'aide de scénarios ; les scénarios de l'Agence internationale de l'énergie (AIE) sont un bon exemple. Dans ces modèles numériques, il y a une description précise, par famille technique, des performances actuelles (par exemple les rendements énergétiques des centrales thermiques) et des perspectives d'amélioration et de substitution qui sont « dans les tuyaux ». Car l'innovation ne débarque pas comme ça un beau jour, comme par magie. Évidemment il y a des incertitudes : quand verrons-nous la capture-séquestration du CO_2 devenir techniquement viable sur l'ensemble des maillons et à un coût jugé supportable ? Est-ce à partir de 2025 ou de 2040 ? La réponse à cette question va jouer sur les choix d'investissements dans le renouvellement des centrales thermiques, puisque l'on sait que 75 % des centrales thermiques existantes en Europe devront être remplacées d'ici 2030. Si la capture-séquestration de CO_2 arrive à temps, on pourra l'installer au moment où on renouvelle une centrale ; si elle arrive trop tard, on aura renouvelé avant et on repartira pour 60 ans avec des centrales thermiques à charbon sans capture-séquestration de CO_2. Voilà le type de problèmes que ces modèles permettent de poser.

Jérôme : Je voudrais justement que l'on parle de la capacité réelle qu'ont nos sociétés à basculer du tout pétrole au tout charbon, car c'est un enjeu essentiel.

Olivier : Oui, si on bascule massivement sur le charbon, ce sera pire si on ne dispose pas de capture-séquestration du CO_2 comme technique d'usage généralisé dans la production électrique et l'industrie.

Jérôme : Mais justement, est-ce que l'on peut basculer rapidement sur le charbon ou non ? J'aurais tendance à penser que si cette bascule ne se fait pas rapidement, le problème climatique sera forcément résolu partiellement par les ressources énergétiques de base – sauf si, effectivement, cette bascule sur le charbon peut se faire rapidement et à moindre coût.

Olivier : J'en ai discuté il y a quelques temps avec un économiste de l'Institut français du pétrole (IFP) qui suivait ces questions.

Il disait ne pas croire que le prix du baril de pétrole s'installe durablement à plus de 100 $, parce qu'avec le charbon on arrive à faire des carburants pour 60 $ le baril équivalent. Naturellement il y aurait une période de transition d'une à deux décennies car il faudrait investir de manière massive dans de nouvelles capacités industrielles. On ne va pas basculer d'un coup. Le fait que l'on atteigne le pic de la production pétrolière ne veut pas dire qu'il n'y aura d'un coup plus de pétrole. Il y aura du pétrole en vente encore pendant longtemps. Mais il ne suffira pas à satisfaire la demande d'énergie, y compris pour les carburants.

Isabelle : Et il faut compter combien de temps pour installer les usines de transformation du charbon ?

Olivier : C'est difficile à dire mais, sans être du tout spécialiste de cette industrie, il est raisonnable de penser qu'il faudrait bien de 10 à 15 ans pour mettre en place toute la chaîne. Et sans doute autant pour une pleine expansion des capacités à hauteur des besoins.

Isabelle : Mais si on passe au charbon, le taux de CO_2 dans l'atmosphère explose littéralement ?

Olivier : Complètement – sauf si on met en place la capture-séquestration de CO_2. Cette technologie est actuellement le seul levier décisif auquel on songe – avec pour le moment un gros point d'interrogation dessus…

Les modèles économiques s'articulent à des choix éthiques

Isabelle : Aucun modèle économique – parmi les plus connus que tu as cités – n'est capable de préconiser une stratégie à long terme ?

Olivier : Non, ce n'est pas ça. Chacun esquisse ce que pourrait être une telle stratégie, mais il est évident que plus l'horizon s'allonge (2050, 2100), plus il est difficile de donner une représentation précise et crédible de l'évolution des techniques et de l'univers économique qui prévaudra. Et pour les interactions entre progrès technique et régime des prix, les économistes ne sont pas d'accord entre eux et donc, leurs modèles non plus.

Contrairement à d'autres points de résultats divergents, le désaccord sur le taux d'actualisation est parfaitement identifié dans sa nature et dans ses implications. Après, il y a un problème de choix de société – éthique et donc normatif : les générations futures importent-elles ou pas à nos yeux, dans nos choix ? Comment prendre en compte leurs intérêts ? Jusqu'où ? Du fait de tels choix, que les économistes cherchent à révéler-éclairer, les évaluations économiques qui les reflètent ne sont jamais purement « objectives », comme si elles étaient déconnectées d'orientations normatives premières. Mais ce ne sont pas les économistes qui imposent leurs choix, puisque leur démarche consiste à révéler ce que sont les choix des différents acteurs économiques et, collectivement, de la société. Les valeurs observées sur les marchés donnent des indications sur ces choix, même si ce n'est pas la seule procédure sociale par laquelle des préférences peuvent s'exprimer.

Isabelle : Ce qui renvoie forcément à une question politique, à savoir vision libérale *versus* vision sociale ?

Olivier : Oui, évidemment.

Sylvestre : Et que penses-tu des analyses, notamment faites par Allègre, sur les deux points suivants : le premier, c'est que ceux qui veulent nous faire mener une politique de maîtrise des émissions de gaz à effet de serre dès maintenant sont des anticapitalistes ; et deuxième point, tout cela est une machine de guerre de l'Occident contre le Tiers Monde.

Olivier : Sur le fait que ceux qui veulent maîtriser les émissions de gaz à effet de serre sont des anticapitalistes, je pense que l'on peut retourner la question. J'ai surtout remarqué que ce sont les idéologues libéraux intégristes, ceux qui n'existent quasiment plus sur la scène politique, ceux qui croient à la nécessité d'affaiblir l'État par tous les moyens pour le ramener au minimum possible et qui pensent que la seule chose que doit faire l'État c'est de définir des droits de propriété et d'assurer leur sécurité, ceux-là sont bien souvent des négationnistes du problème climatique. Le raisonnement est en fait le suivant : le climat étant un bien collectif planétaire, le laisser-faire des entrepreneurs privés ne permet pas de le prendre en charge. C'est un des résultats de base de l'économie publique : l'initiative privée n'est pas attirée par la production de biens collectifs, tout simplement parce que les entrepreneurs n'auraient pas les moyens de rentabiliser leurs investissements, ne disposant pas des moyens d'exclure ceux qui bénéficieraient de leurs initiatives mais qui ne voudraient pas payer pour cela. Une des caractéristiques des biens collectifs est en effet l'impossibilité technique ou institutionnelle d'exclure des consommateurs ou usagers dès lors que le bien est offert à certains. La logique de la libre entreprise fonctionne pour les biens dits « privatifs », ceux pour lesquels on a la possibilité d'exclure celui qui ne peut pas payer. Dans notre cas, personne ne peut s'approprier le climat ou produire un climat pour lui tout seul. Donc, pour préserver le climat, ou en limiter le changement, il faut une organisation, une institution collective qui prenne les choses en main. Dans le monde contemporain, ce sont les États et les organisations internationales, l'ONU, etc. Et les libéraux idéologues n'aiment pas ça du tout. Ils y voient une menace grave pour les libertés, qui est leur souci dominant. À leurs yeux, le changement climatique est le prétexte choisi par les États et des idéologues « anti-liberté » pour étendre encore l'emprise du collectif sur les libertés individuelles. Pour eux, la menace principale ne vient pas du bouleversement du climat, mais de l'action publique qui peut trouver sa source et sa justification dans la perspective de ce bouleversement. De façon stratégique, ils en viennent à nier la science du climat pour tuer dans l'œuf tout mobile à une nouvelle action publique sur la société. Ils se positionnent ainsi de manière idéologique pure. Prétendre l'inverse, à savoir que le changement climatique est l'invention de ceux qui veulent abattre le capitalisme et ruiner la vision ultra-libérale de la prééminence absolue des libertés attachées à la propriété, c'est leur fantasme ! L'existence de biens collectifs est une réalité et la défaillance de l'initiative privée les concernant aussi. C'est pourquoi la science économique comprend depuis longtemps une spécialité, l'économie publique. Paul Samuelson[1], qui est l'un des premiers économistes à avoir, dès les années 1950, proposé un modèle formel de l'économie des biens collectifs du point de vue des finances publiques, n'était pas un militant anticapitaliste, mais un des économistes les plus reconnus, leader de ce que l'on appelle la synthèse néo-classique, et prix Nobel en 1970 !

1. P.A. Samuelson, «The Pure Theory of Public Expenditure», *Review of Economics and Statistics*, 36 (4), 1954, pp. 387–389.

Le deuxième point est d'un ridicule achevé, d'autant que deux lectures de l'assertion sont possibles : sur le plan des réalités physiques, ce sont les pays émergents et en développement qui vont être les plus sévèrement affectés par le changement climatique du fait de leur situation géographique sur la planète, de la densité des populations concentrées sur les zones littorales et de leur plus grande dépendance aux phénomènes naturels ! Le dérèglement climatique pourrait donc être vu comme une arme des pays du Nord pour affaiblir les pays du Sud. La seconde lecture est inverse : le Nord aurait inventé le changement climatique pour pouvoir demander au Sud de brider son développement au moment où les pays émergents deviennent des concurrents sérieux et où les centres névralgiques du développement se déplacent vers l'Asie, l'Amérique latine ou l'Afrique du Sud. On voit bien que les deux lectures se neutralisent l'une l'autre. Si les grands pays émergents demandent sans concession aux pays du Nord d'assumer ce qu'ils appellent leur « responsabilité historique » dans la création du problème climatique, c'est qu'ils ont également compris qu'ils seront à terme les premiers concernés. Cela renforce leurs exigences vis à vis des pays du Nord à qui ils demandent de réduire de 95 % leurs émissions de gaz à effet de serre d'ici 2050.

Plutôt que d'entendre cette demande, certains idéologues comme Lomborg[1], qui appréhendent la prise en charge du problème climatique comme une action de bienfaisance que le Nord ferait pour les pauvres du Tiers Monde, remettent en cause l'engagement dans une décarbonation des économies sur le thème : « Pourquoi voulez-vous vous soucier de l'avenir des pauvres des générations éloignées alors que vous vous occupez si peu de la situation des pauvres qui sont là aujourd'hui ? Si vous vous souciez des pauvres de façon générale, changez vos priorités. Cessez de vous occuper du climat et utilisez vos dons pour permettre l'accès de tous à la nourriture, aux médicaments, à l'eau potable, à l'énergie, à l'éducation, etc. Et pour y parvenir, la meilleure solution est d'accélérer la croissance économique dans ces pays, même si cela doit se traduire par une nouvelle augmentation des émissions de

1. B. Lomborg, *The Skeptikal ecologist*, 2001, *op. cit.*

gaz à effet de serre. » Cela paraît très généreux et mériterait une discussion approfondie. Mais dans son ouvrage best-seller, ce même Lomborg disait aussi que l'on ne peut pas miser sur un marché international de permis d'émission reposant sur une distribution des permis au prorata de la population de chaque pays, parce que cela impliquerait de tels transferts financiers que cela ne serait ni souhaitable – cela ferait naître une corruption massive – ni politiquement faisable du point de vue des démocraties du Nord. Ce qui veut dire que les transferts financiers alternatifs, récupérés de la soi-disant impasse des politiques climatiques, au profit du développement des pays du Sud ne seraient pas non plus faisables. Faire miroiter une aide massive au développement des plus démunis ne sert finalement qu'à disqualifier la politique climatique, mais pas vraiment à promouvoir le développement du Sud. D'un côté il vous dit une chose et après il vous dit que ce n'est pas faisable. C'est un procédé équivalent à celui de Vincent Courtillot, dont parlait Sylvestre, qui dans le même discours formule des propositions qui sont incompatibles. Le seul but de cette rhétorique est de contester la prise au sérieux de la question climatique.
On a vu reservir l'argument de la lutte contre la pauvreté de plusieurs côtés dans le débat récent. C'est ainsi que Claude Allègre prétend justifier sa démarche : il y a d'autres priorités et d'autres urgences. C'était aussi le point de vue d'Henri Atlan et de différents climato-sceptiques. Le débat de fond sur les priorités est légitime mais la manière dont l'argument est utilisé est spécieuse : pourquoi mettre en balance climat et actions visant les besoins les plus immédiats des populations les plus démunies ? On pourrait avec autant de pertinence remettre en cause les dépenses d'armement qui, à l'échelle mondiale, ont augmenté de 50 % depuis l'an 2000, les budgets astronomiques engouffrés dans les jeux vidéo… Affirmer que la question climatique ne va pas toucher prioritairement les pays du Sud me paraît insensé. Affirmer que c'est une machine que l'on invente pour bloquer le développement des pays du Sud, c'est dément ! D'ailleurs, dans les rapports du groupe III du GIEC ou dans le rapport Stern, on discute des transferts de technologies, des meilleurs instruments permettant au Sud de se développer avec les techniques les plus efficaces pour éviter de rejeter trop de CO_2.

Personne ne dit que l'on doit stopper leur développement – en tout cas pas dans les rapports scientifiques. En revanche, certaines ONG peuvent tenir ce discours. Je me souviens d'une scène à Rio de Janeiro en 1992, à l'occasion du Sommet de la Terre ; j'étais avec une représentante d'une célèbre ONG qui disait, en voyant les favelas au-dessus de Rio : « C'est scandaleux d'avoir bousillé un tel paysage avec tous ces bidonvilles. La solution est claire, il faut ramener la population mondiale à 1 milliard d'habitants ». Un malthusianisme démographique radical qui fait froid dans le dos ! Il ne s'agit pas de nier que certains le pensent, mais vous ne trouverez pas ça dans les rapports du GIEC, ni dans les rapports officiels des économistes.

Sylvestre : D'un autre côté, l'argumentation basée sur le degré d'inégalité des revenus dans les sociétés entre en conflit direct avec l'idée de quotas d'émission de carbone qui correspondent à une limitation physique : si le gâteau est petit, ça passera mieux et ce sera plus gérable si la répartition est équitable que si elle est très inéquitable. C'est évident qu'il y a des gens qui ont des objectifs ou des convictions politiques par rapport à l'organisation sociale et qui utilisent le problème du climat comme l'un des arguments pour justifier la pertinence de leurs positions. Mais il est également vrai que les fervents partisans du système capitaliste proposent une solution à caractère capitaliste à ce problème.

Quelle justice climatique ?

Olivier : Une notion est apparue récemment, celle de « justice climatique ». Peut-être est-ce à cela que tu fais allusion en introduisant les inégalités de répartition de quotas d'émission de carbone. C'est vrai, le problème du climat est un nouveau problème, il introduit une nouvelle rareté à gérer et à répartir. Toutes les parties s'accordent pour dire que les solutions doivent être justes et équitables. Mais le contenu de cette justice ne va pas de soi. Aux yeux de certains, elle impliquerait par exemple, une répartition internationale fondée sur la population de chaque pays, instaurant une égalisation par tête à l'échelle de la planète, de tous les droits à émettre du CO_2. Cela voudrait dire que la Chine et l'Inde disposeraient de près de la moitié de tous les droits d'émission. C'est un vieux thème qu'Anil Agarwal[1] avait lancé dans les années 1990. Je suis personnellement réservé sur cette idée qui est typique, à mes yeux, de la fausse bonne idée, sans parler du fait qu'elle n'a aucune chance d'être mise en œuvre.

Jérôme : C'est une équité immédiate, pas dans la durée.

Olivier : Nombre d'ONG militantes, mais aussi de gouvernements de pays du Sud, mettent en avant la notion de « responsabilité historique » des pays de vieille industrialisation comme base de la répartition des efforts à consentir pour l'avenir : depuis le début de l'ère industrielle les pays industriels ont assuré leur développement en recourant massivement à l'énergie fossile ; ils auraient ainsi accumulé une considérable « dette écologique » vis-à-vis des autres pays, s'il faut se situer à l'intérieur de budgets carbone limités pour raisons climatiques. Il faudrait désormais, disent-ils, que les pays industriels remboursent cette « dette » d'une part en compensant les pays du Sud pour les difficultés supplémentaires que ces derniers vont connaître du fait des dommages entraînés par le changement climatique et d'autre part en finançant l'adaptation de leurs structures productives et de leurs équipements aux exigences de la décarbonation. Pour certains, en cumulant droit égal d'émission par tête et responsabilité historique, la simple répartition au prorata de la population ne serait pas suffisante pour être équitable. Ces thèses correspondent à une vision très particulière de la justice et de l'équité qui ne me convainquent pas. Elles ne recueillent présentement aucun accord politique.

Jérôme : En même temps, c'est un enjeu essentiel par rapport aux discussions de Copenhague.

Olivier : La conférence de Copenhague a abouti à un résultat aux antipodes d'un accord sur une conception d'une répartition juste des efforts respectifs à faire à l'horizon 2020 ou 2050. La logique de Copenhague est que chaque pays définit son objectif en matière d'émissions de GES à partir de considérations nationales, puis le verse dans la corbeille internationale.

1. A. Agarwal and S. Narain, *Global warming in an unequal world,* New Dehli, Centre for Science and Environment, 1991.

C’est tout de même complété par des engagements financiers (100 milliards de dollars en 2020) au profit de l’adaptation des pays les plus pauvres, bien que la répartition de la charge de cette contribution à venir ne soit pas précisée. En fait, quand on parle d’équité, il faut savoir de quoi on parle : d’équité intra-générationnelle ou d’équité intergénérationnelle ? D’équité à l’intérieur d’un État ou d’équité internationale ? À propos de quels types de biens l’exigence d’une répartition égalitaire par tête est-elle fondée ? Par exemple, s’il existe des raisons impératives qui justifient l’égalité stricte sur une variable donnée entre hommes qui vivent à un moment donné, ces raisons doivent également demander l’égalité stricte entre hommes de différentes générations. On ne peut précisément pas appliquer ce raisonnement aux émissions de CO_2. Cela aboutirait à une impossibilité logique, parce que si les droits des générations futures à émettre du CO_2 vont dépendre des comportements et des choix des générations présentes… l’inverse serait également vrai : soumis à la contrainte d’égalité, les droits des générations présentes à émettre du CO_2 devraient dépendre des comportements et des choix libres des générations qui vont venir après nous, notamment en matière démographique. Selon qu’elles se comportent d’une certaine manière ou pas, les générations présentes devraient avoir plus ou moins de droits. Sous contrainte d’égalité, la détermination des droits à émettre de nos contemporains ne trouve pas de réponse puisqu’il faudrait inverser la flèche du temps et donner un effet rétroactif à ce qui se passera à l’avenir.

Cette objection conduit à pointer l’importance du statut à donner à la démographie. La démographie, on la représente souvent comme une espèce de donnée de la nature : cela va augmenter comme ci ou comme ça, c’est un fait incontournable, on ne discute pas. Par contre, on a fait du CO_2 un problème de responsabilité morale. Je proposerais volontiers, pour provoquer la pensée, une inversion des termes : les hommes sont individuellement et politiquement directement responsables de leur démographie, tandis que les émissions de CO_2 peuvent être vues comme une fatalité technologique, un sous-produit inévitable, à un moment donné, de la machine à produire. Tous les pays ont une politique démographique, soit pour la soutenir soit pour la réguler, ce qui veut dire que tous les États acceptent d'avoir une responsabilité dans ce domaine. En prenant en compte la fourchette couramment envisagée pour l'évolution démographique d'ici 2100, et en la croisant avec la fourchette des valeurs-cibles proposées pour la concentration atmosphérique des gaz à effet de serre, par exemple entre 450 ppm et 650 ppm, on aboutit à un quota d'émission annuelle pour les générations actuelles qui se situe dans un rapport de un à trois, selon les choix qui sont faits : soit 5,5 tonnes de CO_2 par habitant, soit 1,8. Ce critère n'est pas opérant.

Par ailleurs la justice internationale ne saurait se confondre avec les problèmes de justice à l'intérieur d'un État démocratique. Déjà, à ce niveau national, les choses ne vont pas d'elles-mêmes. Référons-nous par exemple à la théorie de la justice de John Rawls[1]. Le principe d'égalité s'applique aux libertés premières : tout le monde doit avoir les mêmes ; et puis il y a des biens qui sont valorisés (richesses, honneurs, etc.) mais pour lesquels il est juste d'accepter des différences pour autant que l'égalité des chances soit assurée. Selon Rawls, on ne devrait accepter ces différences que si elles sont finalement, dans la durée, à l'avantage de ceux qui sont le moins bien lotis. Cet énoncé paraît paradoxal, mais il intègre le phénomène de la croissance économique. Pour obtenir de la croissance économique, il faut de l'accumulation du capital, c'est-à-dire une certaine concentration des revenus entre les mains d'un certain nombre de gens qui vont investir. Il faut aussi de l'innovation, qui est motivée en partie par la perspective de gains plus élevés. Si la société impose une répartition strictement égalitaire des richesses et des revenus, on risque d'être confronté à un sous-investissement et à une stagnation économique.

Le raisonnement de Rawls conduit donc à poser la question : que vaut-il mieux, être égalitaire dans une société très pauvre ou accepter une société inégalitaire, mais en croissance, qui va aussi améliorer la situation des plus pauvres de cette société, par rapport à ce que serait leur sort dans une société égalitaire ? Revenons au problème climatique. Est-ce qu'émettre du CO_2 doit être considéré comme une liberté première pour laquelle il faut absolument imposer l'égalité entre toute personne ?

1. J. Rawls, *Théorie de la justice,* Paris, Seuil (coll. « Empreinte »), 1987.

Pour moi, la réponse est clairement non. La réalité du CO_2 est d'abord technologique et économique. Le niveau des émissions d'un pays reflète un ensemble de déterminants comme la géographie industrielle, l'état de la technologie, les conditions climatiques – on n'a pas besoin de se chauffer en Grèce comme on le fait en Norvège –, etc.
Quelles seraient, dans ce contexte, les bonnes raisons de vouloir l'égalité des émissions de chaque habitant de la planète ? Le principe d'égalité absolue de l'émission de CO_2 n'a pas à mes yeux de fondement éthique. À partir de ce moment-là, on admet qu'il peut y avoir des différences qui ne sont pas des injustices. Remarquons alors que le principe de l'égalité par tête n'est nulle part destiné à être mis en œuvre de façon véritable : il est proposé pour régler la répartition entre pays, sans qu'aucun État n'envisage de restituer ces droits à chacun de ses citoyens. Cela est d'autant plus vrai que la définition d'objectifs quantifiés par pays devait s'accompagner de l'organisation d'échanges sur un marché international du carbone. Pourquoi, au nom de l'égalité des droits individuels, donner aux gouvernements des quotas qui ne sont pas destinés à enrichir les libertés premières de leurs populations, mais pour partie à être revendus à d'autres pays ? L'attribution de quotas d'émission de CO_2 revient à attribuer des droits sur une parcelle de la richesse mondiale, puisque avec ces quotas on peut acheter autre chose. Il y a donc inadéquation entre la construction « égalité par tête/liberté première » et la réalité qui est la suivante : on distribue ces ressources aux États, qui y trouvent une source de richesse financière et d'échange.
En revanche, si on se souciait de l'équité au sens du principe « à chacun selon ses besoins », on retombe sur le critère du PIB, certes limité au PIB matériel, défalqué des gonflements dus aux phénomènes de spéculation immobilière, par exemple, et corrigé en fonction des parités de pouvoir d'achat, comme le critère le plus juste car représentant le mieux – à un niveau agrégé évidemment – les besoins respectifs des pays à un moment donné.

Isabelle : Au final, c'est un principe qui favorise les pays riches alors ?

Si les hommes sont, individuellement et politiquement, directement responsables de leur démographie, les émissions de CO_2 peuvent être vues comme une fatalité technologique, un sous-produit inévitable de la « machine à produire ».

Olivier : C'est un principe qui exprime les besoins courants de la machine économique mondiale. De plus en plus, ce critère favoriserait les pays émergents du fait de leur croissance si rapide. Si on faisait une répartition par tête, Chinois et Indiens auraient d'un coup un excès considérable de quotas par rapport à leurs besoins. Cela n'aurait d'intérêt pour eux que s'ils revendaient les quotas en excès.

Sylvestre : Mais les droits à émettre sont donnés aux États et non pas aux individus. Je trouve que c'est intéressant de mettre en parallèle de cette présentation – qui est celle de l'économie savante – un argument qui serait qualifié par un économiste de littéraire, et par un géographe de bon sens, c'est que si par exemple on suit la piste de la convergence…

Olivier : Évidemment, si chaque pays en arrivait à zéro émission nette de carbone[1], la situation serait forcément égalitaire.

Sylvestre : Oui, alors la convergence non pas à zéro mais à partir de l'idée que, très grossièrement, il y a des différences géographiques dans l'usage de l'énergie, mais qu'il faut tendre à ce que les êtres humains aient « le même droit à émettre des gaz à effet de serre » et donc puissent avoir la même consommation d'énergie – qui aujourd'hui est à 80 % fossile. Pour suivre cette piste, il faut d'abord rappeler ses bornes quantitatives : dans un pays comme les États-Unis, le niveau d'émissions est environ de 20-25 tonnes de CO_2 par personne et par an, alors qu'au Gabon ou au Cameroun, il est inférieur à une tonne par personne et par an. Entre ces deux extrêmes, vous avez des régions entières, comme l'Europe, où on est plutôt à 10 tonnes de CO_2 par personne et par an. Immédiatement, si on comprend bien l'écart avec les pays du Sud, on comprend moins bien celle entre Américains du Nord et Européens alors qu'ils ne vivent pas pour l'essentiel différemment en termes d'espérance de vie, de confort, de surface habitée, de niveau d'accès à des loisirs, etc. Pourquoi alors un tel écart dans un rapport du simple au double dans les émissions de gaz à effet de serre ?

1. Une telle situation serait caractérisée par le fait que les émissions brutes de GES seraient compensées physiquement par la fixation, en quantités équivalentes, du carbone atmosphérique dans des « puits », que sont les forêts, les sols, les océans.

Et quand on rentre dans le détail, on s'aperçoit notamment que les pays riches – ayant une importance démographique suffisante pour que ce raisonnement soit valable – qui émettent le moins par habitant, ce sont les pays qui font de l'électricité avec soit essentiellement du nucléaire, soit essentiellement de l'hydraulique. Et l'écart est important, vraiment significatif. Autrement dit, on arrive à cette idée que fixer un objectif de convergence, même grossier, aurait la vertu de contraindre les pays qui sont manifestement gaspilleurs – et les pays émergents qui sont en pleine phase de croissance industrielle – de faire de la projection sur les émissions de CO_2 et de se poser des questions de technologies, de choix énergétiques mais aussi de choix urbanistiques, de transports, de mode de vie, de consommation, etc. pour ne pas exploser ces objectifs de convergence. Si l'idée d'introduire une coercition ne me semble pas à l'ordre du jour, et que l'autre idée, qui est de dire que de toute façon on y arrivera parce que les ressources physiques vont diminuer, est très risquée (car ce sera peut-être trop tard), saisir comme guide d'action la convergence peut être un signal fort pour les pays les plus gaspilleurs, car cela finira bien par leur coûter. Et en ce qui concerne les pays émergents, si collectivement on ne veut pas qu'ils explosent ce niveau de convergence, il faut d'abord qu'eux-mêmes prennent les bonnes décisions, ce qui pose également toutes les questions de transfert de technologies, donc de propriété intellectuelle. Alors est-ce que l'on est disposé à donner, et non pas à vendre, les technologies efficaces ?

Olivier : La réponse est non, à quelques exceptions près, car les pays émergents sont désormais les concurrents des pays de vieille industrialisation ; la géographie mondiale de la production s'est déplacée. Avec les pays émergents (Chine, Inde, Brésil, en particulier) le problème n'est plus le transfert de technologie du Nord vers le Sud, mais la coopération technologique à nouer entre partenaires. La situation est différente avec les pays africains les moins avancés, bien que les démarches d'aides liées à l'achat d'équipement aux entreprises nationales des pays « aidant » méritent révision.

Construire les futurs

De la prise de conscience au passage à l'acte

Isabelle : Ce que l'on entend dans tout ce qui est dit, c'est que l'organisation même des sociétés, que ce soit pour une question de climat et/ou d'énergie, va être profondément modifiée. Et la question qui se pose c'est simplement la question de l'anticipation.

Olivier : Oui, il va y avoir des changements de toute façon, car la scène internationale de l'énergie ne va pas tarder à se bouleverser.

Isabelle : Et ce changement est de nature essentiellement politique ?

Olivier : Oui et non. Il sera d'abord économique si rien n'est fait que d'attendre ; il sera politiquement conduit si les responsables ont l'intelligence d'anticiper. Mais ce changement n'ira pas forcément dans le sens d'un anticapitalisme qui basculerait vers un « totalitarisme vert ». Ce n'est pas du tout ce genre de changement que cela demande, mais plutôt un changement du fonctionnement physique de la société, piloté ensemble par le politique et l'économique dans la durée : l'enjeu est la décarbonation de l'économie, pas le retour à l'âge des cavernes ; il s'agit à présent de changer complètement de système énergétique en 40 ans en promouvant efficacité énergétique, maîtrise de la demande finale, recours à des énergies non fossiles et capture-séquestration du CO_2 pour la part de l'approvisionnement qui restera fossile.

Isabelle : Mais pour l'instant, on n'a pas du tout l'impression d'être dans cette situation, ni que les instances soient suffisamment autonomes pour gérer ce problème.

Sylvestre : Je dirais que tant que les effets du climat ne seront pas massivement dangereux, et ce ne sera pas le cas avant la deuxième moitié du siècle, tant qu'il n'y a pas de pression évidente de dégâts climatiques, on ne change pas de cap. On ne va pas changer radicalement de direction sans une contrainte forte. Deuxième contrainte, celle de l'énergie. Et là c'est pareil : dans les 15-20 ans qui viennent, les relations vont se tendre, surtout si la Chine et l'Inde poursuivent la trajectoire qui est la leur depuis environ dix ans. La première réaction du système va être l'augmentation de la production, puisqu'il y encore des réserves d'énergies fossiles. Aujourd'hui, comme nous sommes dans une phase de « coup de mou » économique entre 4 et 7 millions de barils/jour sont mobilisables presque instantanément pour répondre à une augmentation de la consommation. Mais 4 à 7 millions de barils/jour, avec une augmentation de 1 à 2 % de la consommation par an, et en comptant très large, on y sera dans 5 à 10 ans. En revanche, quand la disponibilité physique, puis économique en termes de coûts, de l'énergie va devenir une contrainte – et probablement la première des contraintes pesant sur l'organisation des sociétés –, les politiques seront obligés de répondre de la même manière qu'ils ont répondu de manière extrêmement vigoureuse dans le passé à d'autres contraintes telles que les guerres entre États, la disponibilité de l'eau, etc.

Ces contraintes énergétiques peuvent devenir très fortes (rappelons-nous par exemple de l'impact sur la balance commerciale de l'explosion du prix du pétrole en 1979-1980). Là, on a bien vu qu'au niveau de l'État et des grands décideurs économiques français, cette contrainte était insupportable, d'où la relance du nucléaire. Finalement, on le sait, le prix du pétrole s'est écroulé… Mais on voit bien que par le passé, il est arrivé que des États et des grands ensembles économiques prennent des décisions majeures, stratégiques – à quels endroits on met les infrastructures, quels types d'énergie on utilise… –, et qui engagent les pays pour 40-50 ans. Quand la contrainte est perçue comme étant d'ordre stratégique, au sens où on doit y sacrifier toute autre priorité, on peut le faire. Mais là, à mon avis, si on le fait spontanément, ce ne sera pas avant 15-20 ans.

Olivier : Philippe Roqueplo[1], dans ses travaux sur les pluies acides, a montré les différentes phases par lesquelles on passe face à un événement nouveau qui déconcerte et qui touche à un point sensible de l'identité culturelle et économique d'un pays :

1. P. Roqueplo, *Pluies acides – Menaces pour l'Europe*, Paris, Economica, (coll. « CPE »), 1988.

la première phase est celle du déni – c'est celle qui tente actuellement une partie de l'intelligentsia et de l'opinion française; puis, lorsque les gens commencent à «voir» ce qui se passe à partir d'événements singuliers ou d'images à forte charge crédible de réalisme – il est nécessaire de voir ce que le changement en cours fait concrètement pour pouvoir se projeter en imagination à une autre échelle dans le monde qui vient si on ne réagit pas –, il y a une phase de révélation marquée par un état de sidération au cours de laquelle les gens perçoivent la réalité de ce qui n'était qu'abstraction pour eux jusqu'alors. Ils en avaient déjà entendu parler, mais cela glissait comme l'eau sur les plumes des canards. En ce sens ils savaient déjà, mais ils ne croyaient pas ce qu'ils savaient, pour paraphraser une formule que Jean-Pierre Dupuy (polytechnicien et philosophe des sciences) a mise en exergue de sa réflexion, mais que l'on trouvait déjà chez Roqueplo. Ils réalisent, et tout d'un coup ils changent de comportement. Par la suite Roqueplo, dans son livre *Climats sous surveillance* (1993), avait abordé la question de l'expertise scientifique et de la capacité de la société à absorber et prendre en compte durablement le message. Et il concluait que le message scientifique ne serait pas suffisamment crédible aux yeux des responsables et de l'opinion, faute de preuves expérimentales et de manifestations visibles de grande ampleur du changement de climat, pour provoquer à temps un changement majeur d'attitude de la part des consommateurs, des producteurs et des citoyens. Il pensait à l'époque qu'un tel changement n'était pas vraisemblable. La question reste posée aujourd'hui.

Isabelle: C'est une vision très pessimiste...

Olivier: Effectivement, car notre intérêt bien compris serait d'anticiper. Ce que montrait déjà le rapport Stern en octobre 2006, et ce que montrent les autres rapports plus récents, c'est que l'on aurait un intérêt économique à anticiper ce changement pour éviter qu'il ne s'impose avec brutalité dans le désordre. L'analyse rationnelle dit que l'on aurait intérêt à changer maintenant, mais l'analyse politique constate qu'il va sans doute falloir attendre que les événements nous l'imposent. Comme si nous ne pouvions plus piloter de nous-mêmes un changement dans la durée et qu'une force extérieure doive nous l'imposer. Et l'événement, ça pourra être par exemple les pays producteurs de pétrole s'accordant pour faire payer plus de 150 $ le baril, ou bien une guerre au Proche-Orient, ou bien une crise avec la Russie dont nous dépendons pour l'approvisionnement gazier…

Jérôme : Le problème avec ce raisonnement, c'est que si l'on attend le moment de la crise énergétique pour mettre en place une politique énergétique de substitution, on sera alors dans un état de crise – on l'a déjà testé à toute petite échelle avec le boom du prix du baril en juillet 2008. Or, en situation de crise, on n'est plus, à mon sens, en position de gérer un État démocratiquement comme on le gère aujourd'hui. Alors comment gérer une situation où on attend d'être au pied du mur énergétique, sans réelle politique énergétique de substitution et avec un contexte politique interne qui va devenir intenable en régime démocratique ?

Comment répondre à l'urgence ?

Olivier : On n'a guère de solution démocratique à la gestion anticipative des risques majeurs planétaires. Les gouvernements réagissent dans l'urgence en improvisant et, le plus souvent, en privilégiant le chacun pour soi. C'est pour cela que l'on est dans une contradiction. Effectivement, je suis devenu très pessimiste intellectuellement sur la capacité politique de se saisir à temps des grands enjeux planétaires pour éviter qu'ils ne prennent un tour très dommageable, sinon catastrophique. Le grand problème des démocraties est l'incapacité de penser et d'agir en fonction de perspectives dépassant les 4 à 5 années qui rythment la vie électorale des peuples, en particulier pour des enjeux incertains à long terme (trente ans, un siècle, deux siècles…). C'est pourtant ce que demande toute action un peu sérieuse visant un développement durable. Le ressort principal des gouvernements démocratiques, c'est de reporter le traitement des problèmes qui fâchent tant que cela apparaît possible.

L'analyse rationnelle dit que l'on aurait intérêt à changer maintenant, mais l'analyse politique constate qu'il va sans doute falloir attendre que les événements nous l'imposent.

Sylvestre : D'où l'une des réponses savantes, qui va dans le sens de ce que nous avons dit sur la médiatisation et sur la façon dont on s'adresse aux gens. Jean-Pierre Dupuy[1] fait lui aussi l'analyse que vous venez de faire, et dit qu'il faut faire du catastrophisme « intelligent », « éclairé », pour obliger à prendre à temps des dispositions qui nous coûteront beaucoup moins cher en les étalant, en anticipant, etc. Je ne suis pas d'accord avec lui, et je pense qu'il n'existe pas de contradictions « gentilles » que l'on peut résoudre par un jeu intellectuel.

Je prends un exemple : actuellement il y a la crise économique, un coup de mou terrible, et le chômage s'envole. Quelle est la première réponse des responsables politiques ? C'est de chercher sur quels boutons appuyer pour relancer l'économie. Parmi ces boutons, il y a l'automobile, et ils appuient très fort dessus, alors que tout le monde sait qu'il faudrait plutôt commencer à réorienter les transports vers autre chose et que ce sera très lourd et très long...

Là, on voit bien la contradiction qui explose : depuis 1974, le chômage de masse est devenu le premier problème des sociétés européennes, et les gouvernements perdent les élections notamment sur cette incapacité à résoudre ce problème, mais pour l'instant l'idée que l'économie verte va créer suffisamment d'emplois pour remplacer ceux qui seraient perdus par l'abandon des activités trop émettrices de carbone n'est pas vérifiée.

Olivier : Dans la même idée, on installe des panneaux solaires mais on les importe à 70 % !

Sylvestre : Mais même si on ne les importait pas, on ne peut pas répéter devant chaque usine liée au problème climatique : « Vous ferez des éoliennes » ou « Vous allez démanteler les centrales nucléaires »... ça ne suffit pas ! Et on voit bien qu'il n'y a pas non plus de propositions alternatives sérieuses, que ce soit du côté des écologistes, de l'opposition ou des partis de gouvernement. Vraiment, la contradiction entre ce qu'il faut faire aujourd'hui pour répondre aux problèmes immédiats des citoyens et ce qu'il faudrait faire pour mieux se préparer aux problèmes du futur, est assez orthogonale.

---

1. J.-P. Dupuy, *Pour un catastrophisme éclairé*, Paris, Seuil, 2002.

Olivier : Pourtant, ce n'est ni absolument ni irréversiblement opposé… Par exemple, la taxe carbone (dont l'abandon est une preuve supplémentaire que le calendrier politique prend *in fine* le dessus sur la raison économique de moyen et long terme), était une bonne idée. Cela aurait permis d'amener les gens à modifier leurs priorités relatives tout en compensant en moyenne l'effet-revenu par des redistributions forfaitaires du produit de la taxe. Ce genre de politique doit normalement permettre une transition intelligente, même en partant de la situation de crise dans laquelle nous nous trouvons actuellement. Le niveau d'augmentation des prix que la taxe induisait était assez faible au départ, quelques centimes le litre d'essence ou de gazole, davantage pour le gaz utilisé dans les chaudières, ce n'était pas la ruine généralisée. Depuis cet abandon, les prix des carburants ont d'ailleurs augmenté bien davantage du fait du mouvement croisé des cours du pétrole et de l'euro.

Jérôme : Effectivement, le coût par foyer de la taxe carbone était bien plus faible que la répercussion d'une hausse du prix du baril qui passerait de 80 à 150 $ du jour au lendemain !

Olivier : Absolument. D'autre part, les mesures du ministère de l'Écologie sur la rénovation de l'habitat (prêt à taux zéro, aides substantielles pour les ménages aux revenus modestes) vont dans le bon sens. Ce qui me frappe quand même, c'est que la société française – puisque c'est celle que je connais le mieux – a montré de façon claire à l'occasion du débat sur cette taxe carbone, qu'elle est actuellement incapable de projeter une volonté propre sur un avenir « durable ».

Isabelle : Alors le catastrophisme « éclairé » serait-il finalement la bonne stratégie ?

Olivier : Non, je ne le reprendrai pas à mon compte, pour des raisons de fond. Il s'agit au mieux d'un jeu de l'esprit qui se termine en pirouette. Le catastrophisme « éclairé » ne propose rien de moins que de bouleverser la conception du temps que nous avons spontanément, reposant sur un passé fixe et un avenir ouvert sur différents possibles. Il nous faudrait lui substituer un passé ouvert au surgissement d'événements qui deviennent possibles de toute éternité en se produisant, alors qu'ils ne l'étaient pas auparavant, et surtout un avenir fixe et fixé sur la réalisation de la catastrophe.

Ainsi, nous dit Dupuy, pourrons-nous avoir une petite chance d'éviter la catastrophe, si nous décidons de la tenir pour certaine et que nous nous détournons de tout le reste. La catastrophe doit nous apparaître comme un destin inéluctable pour qu'elle nous imprègne au point que nous mobilisions tous nos efforts pour l'éviter… La réception par l'opinion de la gestion de la grippe A H1N1, celle de l'impact sur le trafic aérien de l'éruption du volcan islandais ou les atermoiements de la politique du climat montrent les chances de succès de cette approche, qui ne peut éviter de sombrer dans l'aporie ou la paranoïa, tant les sources possibles de catastrophes sont innombrables.

Sylvestre : Il s'agissait simplement ici d'indiquer que devant cette impasse, des gens comme Jean-Pierre Dupuy – qui n'est pas un écologiste radical – voient le catastrophisme « éclairé » comme une solution possible.

Olivier : La question de départ de Jean-Pierre Dupuy était pourtant tout à fait intéressante : nous ne croyons pas ce que nous savons, nous avons le savoir de la catastrophe à venir mais nous n'y croyons pas. Cela a bien un rapport avec la science et avec le débat sur la science du climat. La science peut dire ce qu'elle veut, les croyances se forment d'une toute autre façon et sans rapport de soumission à la science. Je ne vois pas en quoi la construction de Dupuy pourrait annuler cet écart entre science et croyances, puisqu'il fait du savoir de la catastrophe l'élément clé de son raisonnement.

Isabelle : Mais alors, comment répondre à l'urgence climatique ?

Olivier : La version des économistes, qui fait horreur à Dupuy et qui ne me satisfait pas non plus, est simple : on fait les calculs des coûts et des bénéfices attachés à différents scénarios d'action et on choisit celui qui a le meilleur rendement. On montre ainsi, sous réserve d'un positionnement éthique à la Stern, que l'on gagnerait à s'occuper du climat dès aujourd'hui plutôt qu'à attendre vingt ans. La question posée par cette démarche, c'est le rapport de la décision publique et collective à la rationalité. L'approche économique suppose une rationalité individuelle générale et une rationalité collective qui repose sur ces rationalités individuelles.

Mais notre société, qui est de plus en plus irrationnelle, s'appuie sur des émotions organisées médiatiquement. Et ses rapports à l'éthique collective sont devenus aussi incertains. Donc si c'est l'émotion qui domine, il faut s'intéresser aux genres d'émotions qui pourraient faire basculer une société durablement, parce que le problème des émotions c'est qu'elles sont éphémères.

Isabelle : Avec le possible effet boomerang dont on a parlé tout à l'heure.

Olivier : À cela s'oppose une approche étroite de la rationalité à laquelle sont attachés un certain nombre de gens, les industriels entre autres, pour qui la rationalité de la décision et de l'action publiques doit être strictement basée sur l'expertise scientifique, comme s'il n'y avait pas de discontinuité entre un diagnostic fondé sur l'état des connaissances et le choix d'un type d'action. Rawls posait que l'individu raisonnable est celui qui reconnaît l'existence d'autrui et la nécessité de trouver avec lui un modus vivendi, pas celui qui ne fait que calculer un intérêt personnel défini de façon étroite. Au côté de l'expertise scientifique, il y a une place, en raison, pour le débat public pour déterminer l'action souhaitable.

Isabelle : Et est-ce que ce n'était pas ça l'idée du GIEC ?

Olivier : Non, d'une part parce que le GIEC relève de l'expertise scientifique et pas du débat citoyen et d'autre part parce qu'il n'est pas prescriptif : il ne fait aucune recommandation. Il est là pour informer sur les bases scientifiques du problème, pas pour prendre la place du politique. L'expérience du GIEC permet néanmoins de montrer combien une telle expertise est à la fois nécessaire pour porter la question, mais pas suffisante pour déclencher une action à la hauteur des enjeux.

Isabelle : Donc cela veut dire que pour l'instant, il n'y a pas de solution ?

Olivier : J'avoue que je n'en ai pas trouvé !

Jérôme : J'aurais tendance à prendre une analogie, qui vaut ce qu'elle vaut, celle du sevrage des toxicomanes. Car on est dans une situation similaire : on vit dans des sociétés qui sont droguées au pétrole ; or, on va entrer dans une phase de désintoxication forcée. Comment est-ce que l'on arrive à convaincre un drogué de rentrer dans une logique de désintoxication ?

Olivier : On fait des groupes de partage des vécus de chacun pour amener à un changement qui soit collectif, pas individuel, chacun dans son coin. Et justement, une des raisons pour laquelle on a un changement d'attitude de l'opinion et des responsables politiques après Copenhague, c'est que l'on a vu très précisément que le collectif global « humanité » ne fonctionnait pas ; les participants n'ont pas voulu « jouer collectif ». À ce moment-là, chacun peut se dire : « Si c'est comme ça, je continue à me droguer tranquillement dans mon coin. » Et on en arrive vraiment à une défaillance de l'action collective. C'est pour ça que je ne crois pas à la possibilité politique de tenir l'objectif des + 2 °C qui est mentionné dans le texte de Copenhague. Il me paraît assez probable que l'on va vers les + 4 °C.

Sylvestre : Il faut aussi prendre en compte le fait que le climat n'est pas le seul problème dont on doit s'occuper. Un jour j'ai écrit un article pour *Libération* dont le titre disait : « En ce moment on parle beaucoup du climat, c'est bon signe ». C'est bon signe parce que ça veut dire qu'il n'y a pas de guerre, pas de crise économique aiguë, etc. Compte tenu de la nature du problème – qui est un problème de long terme –, de la nature des décisions à prendre, qui ne sont pas conjoncturelles mais sont au contraire de l'ordre de la stratégie, des infrastructures… Bref, ce sont de grandes décisions qui engagent les États et les citoyens sur le long terme, qui n'ont pas d'effet immédiat et qui ne répondent pas à un problème immédiat ! C'est donc typiquement le genre de choses que l'on prend à froid, quand on a le temps, que l'on peut discuter calmement et que l'on n'a pas l'esprit occupé par une crise réclamant des décisions immédiates pour un effet immédiat. Donc on peut presque dire que le problème climatique n'est dans une bonne posture, que ce soit dans les médias ou dans l'agenda politique, que quand le monde va bien.

Olivier : On retombe ici sur un mécanisme redoutable que j'ai pu observer à propos du rapport de la croissance à l'environnement :

quand on a la croissance, il faut tout faire pour la conserver, donc ce n'est pas le moment de s'occuper d'environnement; quand on ne l'a pas, il faut tout faire pour la retrouver et donc ce n'est pas non plus le moment de s'occuper d'environnement. En fait, ce n'est jamais le moment de s'occuper de ce type d'enjeu, quoi que l'on en dise. Or, pour la question qui nous concerne, il y a une dynamique objective du climat avec un effet d'irréversibilité de très longue durée qui fait que l'on risque de commencer à bouger quand l'action sera devenue peu utile.

Isabelle: Au final, je nous trouve assez sceptiques quant au fait de mobiliser et faire réagir à la fois les individus et les États.

Olivier: Je voudrais évoquer ici un travail ancien de François Sellier[1], un socio-économiste qui a travaillé sur la santé et entre autres sur la naissance de la sécurité sociale. Qu'est-ce qui a rendu possible, finalement, la création de cette institution? Sa réponse est: pour qu'il y ait création d'une nouvelle institution, il faut qu'au moins deux catégories d'acteurs qui *a priori* s'opposent parviennnent à se mettre d'accord sur son intérêt, et lorsqu'il y en a un troisième qui rejoint les deux premiers, alors on a de bonnes chances d'y arriver. Pour la santé, il y avait les malades – qui allaient devenir les cotisants –, les médecins, l'infrastructure hospitalière, l'industrie pharmaceutique, les mutuelles et assurances. Donc pour la question du climat, il faudrait que très majoritairement l'industrie trouve son intérêt à voir s'installer un monde où l'on s'occupe du climat plutôt qu'un monde où l'on ne s'en occupe pas. Différentes raisons pourraient jouer en ce sens: la rentabilité de nouveaux marchés, le coup de fouet technologique, l'évitement de crises, etc. Il faut aussi que les grands États, d'un point de vue géopolitique, y trouvent un intérêt majeur: les questions énergétiques devraient les préoccuper, mais certains semblent pencher vers la recherche d'une solution du côté d'une expansion de l'offre, quels qu'en soient les dégâts…
Il faut enfin que le mouvement associatif rejoigne les deux premiers types d'acteurs sur un régime d'action (incluant par exemple des incitations économiques comme le marché du carbone) et des solutions techniques (comprenant des éoliennes, du photovoltaïque, etc., mais aussi du nucléaire) en phase

1. F. Sellier, *La dynamique des besoins sociaux,* Éditions ouvrières, 1970.

Quand on a la croissance, il faut tout faire pour la conserver, donc ce n'est pas le moment de s'occuper d'environnement ; quand on ne l'a pas, il faut tout faire pour la retrouver et donc ce n'est pas non plus le moment de s'occuper d'environnement.

avec les préoccupations des deux premiers types d'acteurs, au lieu de se cantonner dans une position critique ou de dénonciation. Ce type d'alliances larges est nécessaire pour que les choses avancent vraiment.

Isabelle : Ce sont des conditions assez difficiles à réunir, spécialement en ce qui concerne les industriels.

Olivier : Si on prend l'exemple d'Exxon Mobil, on a vu quel jeu ils ont joué jusqu'ici : ce groupe n'a pas cessé depuis vingt ans de financer toutes sortes de think tanks et de centres de recherche avec le projet de montrer que le problème du changement climatique était un faux problème et de diffuser le doute dans l'opinion sur le sérieux des travaux des climatologues. Je me souviens que dans les années 1990, la plupart des interlocuteurs industriels que je rencontrais avaient leurs propres théories sur le changement climatique, dans le genre climato-sceptique – même chez Total. Maintenant les avis sont plus partagés. Une partie du monde industriel pense que c'est un enjeu sérieux et qu'il a intérêt à travailler à faire advenir un monde à bas profil en carbone, mais cette partie est encore minoritaire en termes de poids politique.

Jérôme : Juste une question en aparté : qu'est-ce qui motive la prise de position d'Exxon Mobil par rapport à celle de Total ? Total, ou BP d'ailleurs, investissent aujourd'hui, ou du moins tiennent un discours sur le développement durable et la nécessité de mettre rapidement en place des énergies de substitution renouvelables. Est-ce que cela tient à des individus ?

Olivier : Le plus gros des pétroliers, c'est quand même Exxon Mobil. C'est l'acteur dominant du secteur, qui ne veut pas tenir compte du changement climatique. Les autres sont en quelque sorte des outsiders. Mais j'ignore personnellement pourquoi ils ont cette position-là depuis le début. Ils ont sans doute plus à gagner de la poursuite d'une logique de l'offre sans entraves, leur permettant d'exploiter les schistes bitumineux ou le pétrole de l'Alaska, que d'une politique de maîtrise de la demande, d'efficacité énergétique et de substitution. Sans doute faudrait-il analyser leurs actifs pour comprendre. Malgré les demandes de fonds de pension orientés RSE (responsabilité sociale des entreprises), Exxon Mobil n'a toujours pas changé fondamentalement de position. Ils revendiquent des actions sur le plan environnemental, comme de la réhabilitation d'espaces verts, et se réclament de leur responsabilité sociale, comme les autres, mais s'opposent aux politiques climatiques.

Dépasser l'échec de Copenhague

Isabelle : Ça m'ennuie un peu d'en rester là, sur cette note très pessimiste et avec cette idée que rien ne favorise l'émergence d'une solution…

Olivier : Je ne dirais pas qu'il n'y a pas de solution, mais il faut, pour qu'une solution émerge, arriver à faire converger la question énergétique et la question climatique. Mon interprétation de Copenhague, c'est que l'on a eu affaire à une grande bifurcation par rapport à tout ce qui a été tenté depuis Rio en 1992. Depuis Rio, confirmé par Kyoto en 1997, la vision inspiratrice est celle d'un renforcement progressif de la coordination internationale, avec des règles juridiquement contraignantes pesant sur les États et, en contrepoint, l'organisation d'un marché du carbone pour assurer flexibilité et efficacité économique. L'un ne va pas sans l'autre : il faut des contraintes de type juridique fortes pour qu'un marché puisse apparaître lorsqu'il est créé artificiellement comme ici ; si chacun fait ce qu'il veut et qu'il n'y a pas de conséquences, il n'y a pas de quoi faire un marché, il n'y a pas de valeurs qu'on puisse échanger. C'est cette voie-là, la voie de la coordination forte, qui a reçu une claque à Copenhague – et les Européens ont été les premiers à la recevoir car ils étaient en flèche sur cette approche. Copenhague a signé l'échec d'une certaine conception de la coordination internationale des politiques climatiques, une conception qui visait un quasi-gouvernement mondial du climat, pour dire les choses rapidement.
On est maintenant reparti sur un modèle de coordination faible, pas tout à fait aussi minimale que celle que prônait George W. Bush, entre grandes régions et États souverains qui décident ce qu'ils veulent pour eux-mêmes et en informent les autres. C'est aussi la fin, pour un temps qui peut être assez long, de l'idée d'un grand marché mondial du carbone.

Il y aura des marchés locaux ou régionaux, l'Europe pourra continuer à faire le sien, les États-Unis feront peut-être le leur un jour – pour le moment c'est incertain –, mais ces marchés ne seront pas couplés tant que les contraintes seront tellement différentes d'une région à l'autre, car les niveaux de prix qui en résultent ne sont pas du même ordre de grandeur. Tant que cette hétérogénéité n'aura pas été résorbée, il n'y a aucune raison, en tout cas du point de vue américain, de vouloir coupler le marché européen et le marché américain, par exemple. En effet, si notre tonne de CO_2 vaut 30 $ et la leur 5 $ ou 10 $, les entreprises européennes pourraient certes trouver intéressant d'aller s'approvisionner chez eux à bas coûts, mais les Américains ne vont jamais vouloir que nos opérateurs fassent augmenter le prix chez eux, alors qu'ils ont profilé la contrainte physique qu'ils se donnaient de façon à éviter un prix de la tonne de CO_2 qu'ils jugent excessif ou insupportable par leur économie. Dans le cas contraire, ils auraient adopté des objectifs plus contraignants. Donc on va avoir une organisation morcelée, avec des objectifs hétérogènes qui, au total, ne seront pas du tout en ligne avec les +2 °C à la fin du siècle.

Rappelons que pour avoir 50 % de chances de tenir cet objectif, il faudrait que les émissions mondiales se stabilisent d'ici 2020 au plus tard et qu'elles décroissent ensuite au moins de 3 % par an. Alors les concentrations atmosphériques de GES (CO_2 et autres gaz à effet de serre) pourraient être stabilisées aux alentours de 450 ppm de CO_2 équivalent.

Dans ce contexte, les États vont devoir réapprécier la question climatique à partir de la politique énergétique. Et là, la position de la Chine et des États-Unis – qui ont des grosses réserves de charbon – n'est évidemment pas du tout la même que celle de l'Europe qui n'en a pas – je mets de côté la Pologne, qui ne pourra pas approvisionner toute l'Europe. Donc chaque entité régionale aura sa propre dynamique climato-énergétique, qu'elle devra suivre seule, sans s'adosser au choix des autres – ce qui aurait évidemment été plus confortable.

Jérôme : Est-ce que l'on a une appréciation des capacités de pays comme la Chine ou l'Inde à profiter de cette phase où ils disposent d'une forme de richesse énergétique pour se préparer à l'après ? Est-ce qu'aujourd'hui on est capable de dire qu'en

Chine il y a une volonté politique de profiter de cette décennie pour miser sur du « propre » ?

Olivier : Le charbon est la base du développement des Chinois pour les décennies à venir. La question, c'est de savoir avec quelle efficacité ils vont l'utiliser et quand ils vont se mettre à la capture-séquestration du CO_2. Ils ont quand même moins de charbon que les États-Unis, et donc ils ont intérêt à être efficaces. La soif énergétique de l'économie chinoise est gigantesque. Pour l'étancher il lui faudra mobiliser toutes les ressources possibles.
Les Chinois sont ainsi devenus leaders en éolien et ils vont continuer à développer rapidement ces nouvelles techniques. Ils vont faire aussi du nucléaire et ils achètent du pétrole en Afrique et ailleurs. En fait, ils jouent la carte énergétique partout et sur tous les aspects. Leur but est de maintenir une croissance économique à un niveau de 9 à 10 % par an.

Isabelle : On est bien loin de la mutation d'une société vers une prise en compte de la question climatique.

Olivier : Oui, complètement, si on escompte une sorte de renoncement à la croissance pour motif climatique. Mais la Chine n'est plus un pays qui ignore le problème climatique. Elle fait beaucoup dans les alternatives énergétiques. Mais ce beaucoup ne suffit pas à résoudre le problème.

Sylvestre : Pour compléter l'analyse d'Olivier sur la conférence de Copenhague, une lecture positive de la conférence et des textes finaux est tout de même possible. Car quand même, jusqu'à présent, avec le protocole de Kyoto, seuls les pays les plus industrialisés avaient des objectifs en termes d'émissions de gaz à effet de serre. Depuis Copenhague, on a un consensus sur un objectif climatique – qui bien sûr ne sera pas atteint – pouvant être interprété comme le fait que la quasi-totalité des gouvernements dans le monde ne nie pas l'existence du problème ni son ordre de grandeur ni ce que serait le meilleur des mondes possibles – enfin le moins pire… –, c'est-à-dire qu'il faut effectivement essayer de contrôler, de maîtriser les émissions de gaz à effet de serre globales, même si on sait déjà qu'un changement climatique important est inévitable. Et je vois mal ce résultat être mis en cause dans l'avenir.

Donc on peut considérer que c'est un acquis dans le discours et dans la prise à leur compte par les gouvernements d'un certain nombre de choses qui étaient de l'ordre du discours scientifique.

Isabelle : C'est un très mince succès quand même !

Olivier : La Chine aurait pu dire qu'elle ne se fixait aucun objectif.

Sylvestre : De plus, il y a maintenant également des objectifs pour les pays émergents et notamment pour les plus importants. Bien entendu, ces objectifs sont exprimés en relatif par rapport à la croissance économique. Par exemple, la Chine n'a pas pris d'objectifs en termes d'émissions en valeur absolue, mais en termes d'émissions relatives à sa croissance. En résumé, elle a pris pour objectif d'améliorer de moitié son efficacité énergétique. Bien sûr, il y a une façon de l'aider assez simple, c'est d'arrêter de leur acheter autant de choses, mais c'est un peu ironique comme remarque, j'en conviens… Mais en tout cas, cela signifie que les élites politiques chinoises ont conscience de la nécessité pour eux d'améliorer considérablement leur efficacité énergétique et du fait qu'ils vont se trouver devant un mur. D'où les dernières évolutions dans l'énergie en Chine, qui ont vu la concentration du milieu charbonnier : avant, il y avait des centaines de petits exploitants de mines de charbon – avec d'ailleurs des conséquences terrifiantes sur la santé des gens – il n'y a plus maintenant que quatre ou cinq entreprises qui sont devenues des géants mondiaux en termes de production et qui commencent d'ailleurs à avoir des relations internationales importantes. Pour le pétrole, leur politique est de prendre place dans les sites de production, parce qu'ils sont devenus le deuxième importateur de pétrole au monde derrière le Japon, et ils voient bien que c'est un problème : combien de temps et à quel niveau pourront-ils continuer de s'approvisionner ainsi ? Par conséquent, les gouvernements des pays émergents vont se fixer des objectifs qui dans un premier temps seront de l'ordre du double dividende : moins ils consommeront d'énergie pour la même production, mieux ce sera. Puis petit à petit, avec notamment l'évolution du climat lui-même, ces premiers objectifs vont entrer en synergie avec une politique du climat.

À quelle vitesse cela va aller, c'est trop tôt pour le dire. Mais je ne le nie pas, Copenhague n'a pas été ce à quoi ont rêvé un certain nombre de fonctionnaires onusiens, de militants du climat et de scientifiques.

Isabelle : Et de quoi avaient-ils rêvé ?

Sylvestre : Ils avaient rêvé de l'extension du protocole de Kyoto avec des engagements d'émissions en volume, un contrôle des émissions, une punition si l'on ne tient pas ses engagements, etc. Mais on savait, avant même que la conférence ne démarre, qu'elle ne pouvait pas faire mieux que ce qu'elle a fait. Ce n'est pas pour me vanter, car ce n'était vraiment pas original, mais le jour de l'ouverture de la conférence j'ai écrit : « Il ne peut sortir de cette conférence qu'un accord politique général. » Cela ne sert à rien de se lamenter devant une réalité qui était complètement prévisible. En revanche, on voit bien que la convention climat va se poursuivre, que la mécanique diplomatique va continuer d'exister, que les pays émetteurs vont continuer de déclarer leurs émissions année après année, et que d'ailleurs la science sera de plus en plus en mesure de contrôler ces déclarations parce que l'on sera de plus en plus en mesure de savoir où est émis le CO_2 et ce qu'il devient dans l'atmosphère. Donc on est tout de même plutôt dans quelque chose qui avance, même si par rapport à des objectifs que l'on aurait pu se fixer il y a dix ans, ça n'avance pas à la vitesse qu'il aurait fallu, mais on n'est pas en régression.

Peut-on s'en remettre aux experts ?

Isabelle : Mais par rapport au constat négatif que l'on faisait tout à l'heure, est-ce que tu trouves que le GIEC peut constituer une réponse suffisante ?

Hervé : Si on supprime le GIEC, on supprime toute idée d'expertise internationale. Certains en ont envie – on peut penser aux nombreux intérêts que le diagnostic climatique menace. Pour ma part, je crois que l'on a vraiment besoin d'une expertise internationale, ne serait-ce que parce que la science est internationale. Mais le GIEC ne peut fonctionner que s'il bénéficie d'une confiance générale, s'il n'est pas vu comme l'outil d'un clan contre un autre.

Dans certains cas on ne présente plus les scientifiques qui ont participé au GIEC comme des scientifiques autonomes, qui portent leurs propres paroles, mais comme des « membres du GIEC », affiliés à une sorte de secte franc-maçonnique. Si une certaine confiance dans le rôle du GIEC, dans sa capacité à traduire le diagnostic d'une communauté scientifique n'est pas rétablie, alors son action sera impossible.

Jérôme : Et quelle est la position de l'Académie des sciences sur ce point ?

Hervé : Il n'y a pas de position officielle à ce sujet, et certainement une grande divergence de vues.

Sylvestre : Le GIEC est indispensable, mais il ne peut pas être une réponse, car son rôle est de l'ordre du savoir, pas de la décision. Il n'y a pas de préconisations dans le rapport du GIEC, qui ne dit jamais de faire ceci ou cela. Le GIEC est une création des gouvernements. Ils questionnent les experts du GIEC, qui répondent qu'à leur connaissance, si dans le futur nous émettons telles ou telles quantités de gaz à effet de serre, il risque de se passer ceci ou cela en termes de physique du climat et d'impact sur les sociétés. Bien évidemment, la simple description des scénarios montre que c'est beaucoup plus dangereux en termes de stabilité sociale si le climat prend un coup de bambou terrible et que l'on a un + 6 °C en moyenne planétaire en 2100 que s'il n'a changé que de 2 °C, mais ça, c'est presque trivial. On sait bien qu'une situation qui change très vite et très brusquement est plus difficile à gérer.
Les rapports du GIEC sont bien sûr un peu plus argumentés et plus précis, mais un rapport du GIEC n'est jamais une préconisation. Après, l'analyse du risque évoqué, relativement à tout ce qui existe ailleurs comme paramètres de décision au niveau politique, est du ressort des décideurs politiques et des citoyens dans les pays démocratiques. Ils en font ce qu'ils veulent.

Isabelle : Mais par rapport au constat médiatique que l'on faisait, et par rapport à cette nécessité de réagir et d'anticiper, tu trouves que sur la base du rapport du GIEC, l'accord politique qui a abouti à Copenhague est quand même une réponse satisfaisante ?

Si une certaine confiance dans le rôle du GIEC, dans sa capacité à traduire le diagnostic de la communauté scientifique, n'est pas rétablie, alors son action sera impossible.

Sylvestre : Satisfaisante non, mais pas nulle. La prise en compte du problème climatique et de la nécessité de prendre des décisions et d'agir ne s'est pas arrêtée à Copenhague, elle continue. Cette année, il y aura une 16e conférence des parties, c'est-à-dire la réunion officielle des États signataires de la convention de Rio. Ils vont faire un nouveau point, ils vont continuer d'envoyer leurs inventaires d'émissions et il y aura à nouveau des discussions entre technocrates, scientifiques, délégués gouvernementaux, pour voir comment faire évoluer les accords. L'idée d'une sorte d'écroulement du problème et de la diplomatie du climat à Copenhague est une vue de l'esprit.

Jérôme : Oui, mais la réflexion que tu mènes ici se conduit quand même dans un contexte où le citoyen lambda voit maintenant arriver des informations beaucoup plus contradictoires et ne sait plus où il est. On le ressent ici, mais aux États-Unis ou au Canada, la désorientation est encore plus perceptible.

Olivier : Au Canada, c'est le cas depuis longtemps, car le gouvernement Harper n'a jamais rien fait dans ce domaine. Quant aux États-Unis, il y a quand même pas mal de rétropédalage par rapport à l'ambition initiale du projet de loi Waxman-Markey de juin 2009 visant un large système de permis négociables incluant l'industrie et les transports. Le dernier projet Kerry-Lieberman présenté en mai 2010 reprend l'objectif d'une réduction de 20 % des émissions par rapport à 2005, ce qui fait seulement quelques points de réduction par rapport à 1990, année de référence de la convention climat et du protocole de Kyoto, et de 80 % en 2050. Le projet prévoit de soumettre 7 500 installations industrielles à un plafond d'émissions analogue à ce qui existe en Europe. Les propositions pour les transports demeurent floues. L'agriculture n'est pas concernée.

Jérôme : Bon, d'accord, les discussions continuent. Mais qu'en est-il des gestes réels ? Est-ce que les citoyens vont être prêts à suivre ?

Olivier : Tout dépend de ce dont on parle et de ce que l'on choisit comme repère de comparaison : lorsque l'on dit que l'inertie

d'un processus de négociation, ajoutée à une certaine prise de conscience, fera que ce processus ne va pas s'arrêter du jour au lendemain, on a raison; on peut dire aussi que tous les pays et gouvernements savent que la question énergétique va leur tomber dessus. Les gouvernements vont continuer les discussions sur le climat parce que c'est largement le faux-nez de la question énergétique. Tout ceci va demeurer.
De l'autre côté, si l'on considère l'objectif de ne pas dépasser la limite des 2 °C d'augmentation de température moyenne mondiale en 2100 (qui implique de stabiliser autour de 450 ppm les concentrations atmosphériques de CO_2 et des autres gaz à effet de serre, c'est sûr, on n'est pas sur le chemin pour y arriver. Et c'est aussi ça la leçon de Copenhague. Alors qu'avant cette conférence, on pensait qu'une petite chance était préservée de prendre ce chemin-là.

Isabelle : Donc la limite des 2 °C, on peut l'oublier puisqu'elle va être dépassée ?

Hervé : Ce seuil de 2 °C est surtout un chiffre qui a été défini comme un objectif politique, bien qu'il corresponde à une réalité physique : les modélisations de la Terre avec une augmentation de 1,5 °C ou de 3 °C montrent des mondes déjà très différents.

Sylvestre : C'est effectivement très utile de fixer par un chiffre un objectif, parce que cela a plus d'effet vis-à-vis des politiques qu'une fourchette indiquant une augmentation de 1,8 °C à 6,4 °C. Pour ma part, je n'ai jamais pensé que l'objectif des + 2 °C en 2100 était atteignable.

Olivier : Moi je pensais qu'il était atteignable, mais qu'il fallait vraiment se dépêcher en mettant en place une organisation forte à l'échelle mondiale pour faire converger tous les efforts, à la manière d'une coalition militaire en temps de guerre ! Que tel était l'enjeu de Copenhague après deux années de préparation. J'ai bien vu pourtant que, depuis la conférence de Bali (2007), ça patinait. J'étais intellectuellement sceptique et j'ai dit – pas seulement le jour de la conférence mais bien avant – que Copenhague ne déboucherait sur rien de suffisant par rapport aux objectifs qu'il faudrait atteindre « pour éviter une interférence dangereuse avec le climat de la planète », comme l'énonce la convention climat de 1992. Mais on croit toujours aux miracles !

On se dit qu'on ne sait jamais, qu'il y a peut-être des choses qui ont échappé au jugement, que l'histoire peut surprendre parfois. Là, elle n'a pas surpris !

Sylvestre : Sur l'objectif exprimé en teneur de gaz à effet de serre dans l'atmosphère, James Hansen, sur la base d'un travail de science révisant le problème de la sensibilité climatique et donc de l'effet de seuil qu'il ne faudrait pas dépasser si on veut éviter les phénomènes les plus dangereux, était arrivé en 2008 à la conclusion que l'objectif à atteindre ce n'était pas 450 ppm d'équivalent CO_2 ou 500 ppm à l'horizon 2100 mais 350 ppm. Le problème, c'est que l'on est déjà à 387 ppm en CO_2 seul ! Et donc pour arriver à 350 ppm d'équivalent CO_2, il faudrait arrêter les usines tout de suite ! Et quand j'ai lu ça, je me suis dit que ce serait vraiment embêtant que cette prévision climatique soit bonne parce que c'est complètement fou de proposer ça comme objectif. C'est impossible. Et quand j'ai vu que des organisations écologistes se mobilisaient là-dessus et créaient un mouvement pour les 350 ppm, je me suis dit que c'était vraiment contre-productif, parce que si l'on traduit l'objectif des 350 ppm en termes d'émissions aujourd'hui et pour les 20 ans à venir, la réaction majoritaire – et normale ! – des citoyens va être simplement : « Non merci. »

Olivier : Il faut se rendre compte de l'incidence des choix d'un pays. Par exemple, si la France réalisait le facteur 4 en 2050[1], cela ferait une différence de moins de 1 ppm dans la concentration atmosphérique des GES par rapport à un scénario de laisser-aller énergétique ! On passerait de 451 à 450 ppm ou de 450 à 449 ppm ! Bouleverser toute l'économie de la France, le mode de vie des gens, etc., pour gagner 1 ppm, c'est difficile à justifier. Le problème, c'est que c'est la même chose pour les autres pays ou les autres régions. Il faut des raisonnements sophistiqués pour expliquer qu'on doit le faire parce que les autres vont le faire aussi, ou en fonction d'une certaine éthique de responsabilité…

L'Europe ne représente aujourd'hui qu'environ 10 % des émissions de GES. Plus elle est vertueuse et moins elle pèse sur les

1. Engagement pris par la France en 2003, et validé par le Grenelle de l'environnement en 2007, de diviser par 4 ses émissions de gaz à effet de serre d'ici 2050 par rapport à leur niveau en 1990.

négociations. C'est la force des plus grands pollueurs présents et futurs : c'est eux qui dicteront les règles du jeu car c'est d'eux que dépend la solution. Mais l'Europe a un intérêt énergétique à être vertueuse, même toute seule.

Isabelle : Juste une question, puisque finalement la coordination internationale a fait de son mieux pour obtenir peu, pourquoi n'y a-t-il pas eu une mobilisation, par je ne sais quels moyens, des citoyens de base ?

Jérôme : On retombe sur ce que l'on a évoqué juste avant, la nécessité de mettre le problème en image pour enclencher une phase de mobilisation. Qu'est-ce qui aujourd'hui, dans la vie de tous les jours, nous permet de dire qu'il y a réellement un problème ? Je suis intimement convaincu que l'opinion bougera le jour où un bout du Groenland ou de l'Antarctique de l'Ouest partira à la mer, et que l'on aura fait les datations démontrant que cela ne s'est pas produit depuis 10 000 ans. Là effectivement, on touchera du massif. C'était pareil pour le trou de la couche d'ozone, les choses ont commencé à bouger quand on a vu le trou sur les cartes satellites et que chacun a pu mettre une réalité physique palpable sur ce qui se passait.

Isabelle : Pourtant il n'y a pas eu à l'époque de controverse sur l'existence du trou de la couche d'ozone ?

Jérôme : Si, il y a eu une controverse qui a consisté à dire que c'était un jeu des grosses compagnies productrices de CFC (chlorofluorocarbones), notamment DuPont de Nemours, qui voyaient arriver des concurrents chinois importants et voulaient passer à des substituts pour les couler économiquement.

Olivier : DuPont de Nemours, leader mondial de la production chimique, avait commencé par monter une alliance industrielle visant à montrer que les CFC n'avaient pas d'effet sur la couche d'ozone. Mais pendant ce temps-là, ils recherchaient des substituts. Quand ils ont été prêts, ils ont rejoint les ONG environnementalistes américaines, rendant ainsi possible l'accord de Montréal qui limitait la production, la consommation et le commerce des CFC selon un calendrier progressif. L'histoire scientifique n'est pas isolée et n'est pas la seule à peser sur l'action collective.

L'Europe ne représente plus aujourd'hui qu'environ 10 % des émissions de gaz à effet de serre. Plus elle est vertueuse, moins elle pèse sur les négociations.

Quand savoir ne suffit pas…

Isabelle : Pour le changement climatique, si l'on parvenait à communiquer sur l'absence de controverse scientifique, est-ce qu'il y aurait une adhésion plus forte de la part des citoyens ?

Sylvestre : Cela ne suffirait pas. Si on regarde les sondages évolutifs sur la sensibilité des Français au problème du climat, on observe que c'est extrêmement dépendant de la météo ; vous faites une canicule en 2003 et les gens sont immédiatement sensibles à la cause, idem pour les tempêtes en 1999. Tous les scientifiques spécialistes disent qu'il n'y a pas de lien direct avec le changement climatique, mais Claude Allègre le dit (il était alors ministre) et vous avez un effet dans l'opinion. Dans la hiérarchisation des problèmes, le climat remonte très haut. Mais il est clair que tous ces sondages, si vous les faites en qualitatif et que vous demandez aux gens : « Qu'est-ce que vous comprenez par changement du climat, et à votre avis à quoi est-il dû ? », l'effet « savoir » est pratiquement nul. C'est-à-dire que d'abord ce savoir est très limité – par exemple il est classique en France que la quasi-majorité des gens pense que les centrales nucléaires contribuent beaucoup au changement climatique à cause des panaches de vapeur qui sortent des réacteurs, ce qui est tout de même embêtant pour la compréhension de la physique de base du problème ! Et comme le savoir bouge peu, ça n'a aucun rapport avec la hiérarchisation des problèmes et la mise en numéro un, deux ou trois du problème du climat, qui suit les aléas médiatico-météorologiques. Donc ça va être comme ça jusqu'à ce que le changement climatique dangereux soit avéré dans l'expérience de vie des gens, et pas seulement dans les prévisions.

Olivier : Quand il y aura une épidémie de maladies tropicales en France, on se dira que ça y est.

Sylvestre : Ce qui n'arrivera peut-être jamais…

Olivier : Mais si ce genre d'événement arrivait, l'opinion pourrait basculer d'un coup. Il n'y a pas de raisons de croire que les changements d'opinion se font de façon très progressive et continue. Ce sont plutôt des volte-face. Dans les deux sens.

D'où une instabilité problématique pour toute action de longue durée dans des démocraties devenues extrêmement sensibles aux phénomènes d'opinion.

Jérôme : On retombe aussi sur la question de la gestion d'un risque, c'est-à-dire dans quelle mesure, en tant que société, on peut s'en remettre à des avis d'experts pour prendre des décisions aussi importantes ? Et ça rejoint ce que tu disais sur la tendance au déni de cette notion d'expertise scientifique. Pourtant, dans la vie de tous les jours, on passe notre temps à nous en remettre à des expertises professionnelles que nous ne possédons pas personnellement : en prenant l'avion, on remet sa vie dans les mains d'un pilote alors même que nous n'avons en général aucune notion d'aéronautique ; en préparant nos vêtements le soir en prévision du lendemain, on s'en remet aux prévisionnistes de Météo France... De plus, ce qui vient de se passer avec le virus H1N1 est catastrophique pour la confiance vis-à-vis de l'expertise scientifique. Chacun a pu vivre quelque chose qui était à mille lieues de ce que l'on avait envisagé initialement. Comment croire après cela, de manière générale, à la fiabilité de la réflexion scientifique ?

Isabelle : Donc d'une certaine façon, on aboutit à un statu quo, qui serait dû d'une part à l'incapacité des États à anticiper une mutation et à ne vouloir réagir que devant un fait accompli, et puis à l'incapacité des individus à prendre en compte dans leur vie des événements qui ne les touchent pas immédiatement et de plein fouet.

Olivier : Il y a une expérience historique intéressante qui a été analysée. Elle concernait des gens vivant au pied d'un volcan en Colombie qui, s'il explosait, détruirait des villages entiers avec ses descentes de lave et ses retombées de cendres, comme à Pompéi. Les autorités ont prévenu les habitants du danger, des risques. En dépit des alertes et des invitations et incitations à déménager, les habitants n'ont pas voulu évacuer les lieux. Ils se sont trouvés une justification fataliste dans leur culture et ont exprimé des doutes profonds sur les dires d'experts.

Isabelle : Un peu comme les Californiens qui habitent le long de la gigantesque faille de San Andreas qui passe par San Francisco et Los Angeles et qui provoque régulièrement des séismes dévastateurs…

Olivier : Sauf que les dangers liés aux volcans sont à la fois plus visibles et plus prévisibles. D'ailleurs Claude Allègre avait commencé sa carrière médiatique en s'opposant à Haroun Tazieff, à propos de la prévision de l'explosion ou non du volcan de la Soufrière en Guadeloupe. Dans le domaine politique, on a vu ce même type de phénomènes dans un genre tout à fait différent. Je pense à ce qui s'est passé dans les Balkans, dans la foulée de l'éclatement de la Yougoslavie. Nombreux étaient les experts prévoyant qu'il allait y avoir une guerre terrible entre les différentes républiques ou régions : le fait que le conflit ait été dit et prévu n'a pas permis d'empêcher qu'il se produise. De même, le fait d'annoncer la catastrophe ne suffit pas à faire que les gens changent leur comportement.

Isabelle : Il est malheureusement temps de clore ce débat passionnant. Un tour de la question climatique a bel et bien été effectué selon le principe de la collection. Il ne s'agissait pas ici de convaincre, mais plutôt de partager un ensemble d'arguments, de faire le point sur les savoirs et les possibles pour que chacun puisse les comprendre et (ré)agir en conséquence et en conscience. J'espère que cet objectif est atteint.
La dernière partie de cet ouvrage est une invitation à prolonger la discussion au travers des pistes de lecture proposées par chacun des auteurs.

Annexes

Les pistes de lecture de Jérôme Chappellaz

Quelques sites Web

http://www.ipcc.ch/publications_and_data/publications_and_data_reports.htm
On trouve sur le site officiel du GIEC tous les rapports des différents groupes de travail depuis celui de 1990. Des documents incontournables, correspondant à la meilleure synthèse du moment des différents travaux de recherche dans le domaine. En anglais le plus souvent, mais certaines parties sont aussi disponibles en français.

http://www.realclimate.org/
Un site Internet tenu par des chercheurs en sciences du climat, essentiellement américains. On y trouve des discussions fouillées sur les différents faits marquants, que ce soit de nouveaux résultats ou des points d'attaques du climato-scepticisme. À réserver aux personnes anglophones possédant déjà un bagage scientifique significatif.

http://sciences.blogs.liberation.fr/
Le blog {science²} de Sylvestre Huet. Un regard pertinent et rigoureux sur l'actualité scientifique et notamment climatique. Les commentaires de certains internautes en réponse aux articles sur le climat sont très symptômatiques de l'approche idéologique motivant certains d'entre eux. Le décalage entre la réalité du débat scientifique dans les revues à comité de lecture et celui sans rigueur conduit par les commentateurs du blog peut s'avérer profondément choquant au premier abord. Il témoigne incontestablement de la difficulté de communiquer la science quand l'auditoire lui prête une oreille partisane.

http://www.manicore.com/
Le site Internet de Jean-Marc Jancovici, polytechnicien et ingénieur-conseil spécialisé dans le bilan carbone. Un vrai travail d'ingénieur mais restant accessible au plus grand nombre. Beaucoup de chiffres très pertinents sur l'énergie. Un ton impertinent et agréable à lire.

http://www.smf.asso.fr/articles.html
Nombreux articles de la revue *La Météorologie* en libre service. Des articles fouillés sur différents aspects de la météorologie et du climat, écrits en français par des chercheurs spécialistes de chaque sujet. Une bonne occasion de se plonger au coeur de la science climatique même quand on n'a pas accès aux revues à comité de lecture.

http://france.meteofrance.com/france/actu
Les dossiers d'actualité de Météo France : interviews et dossiers courts, bien vulgarisés, sur des phénomènes observés aux échelles météorologique et climatique.

http://www.skepticalscience.com/
Le site du physicien du Soleil John Cook, un chercheur australien qui passe à la moulinette le discours «climato-sceptique» habituel, en expliquant en termes clairs en quoi cette argumentation est biaisée ou infondée. En anglais.

Quelques livres

Édouard Bard, *L'homme et le climat: une liaison dangereuse,* Gallimard, 2005.
Un ouvrage accessible brossant un tableau pertinent et complet du problème. Avec un regard intéressant sur l'histoire de cette science vieille de deux siècles.

James Hoggan, *Climate cover-up: the crusade to deny global warming,* Greystone Books, 2009.
Un ouvrage fort intéressant qui explique le fonctionnement des groupes de pression tels que les lobbys pétroliers et charbonniers, et leur stratégie pour atteindre leur but ultime: jeter le doute sur les sciences du climat afin d'éviter toute régulation internationale sur l'usage des ressources fossiles. En anglais.

Les pistes de lecture d'Olivier Godard

R. Guesnerie, *Kyoto et l'économie de l'effet de serre. Rapport du Conseil d'analyse économique,* Paris, La Documentation française, (coll. « Rapports du CAE », n°39), 2003.
L'approche du problème climatique par l'un des économistes français les plus réputés, professeur au Collège de France. Nombreuses annexes sectorielles rédigées par les meilleurs spécialistes français.

O. Godard, « La pensée économique face à l'environnement », In A. Leroux et P. Livet (dir.), Leçons de philosophie économique – Tome II : Économie normative et philosophie morale, Paris, *Economica,* 2006, pp. 241-277.
Une introduction aux différentes visions économiques du monde appliquées aux problèmes environnementaux. Permet de situer la place des trois courants principaux dans une compréhension systémique de la relation société-environnement.

A. Dahan Dalmedico (dir.), *Les modèles du futur. Changement climatique et scénarios économiques : enjeux scientifiques et politiques,* Paris, Éd. La Découverte, (coll. « Recherches »), 2007.
Ouvrage de réflexion historique et épistémologique sur les enjeux de la modélisation économique du problème climatique.

O. Godard, « The Stern Review on the Economics of Climate Change : contents, insights and assessment of the critical debate », Surveys and Perspectives Integrating Environment and Society (S.A.P.I.E.N.S), 1(1), February 2008, pp. 23-41.
Une présentation et une revue critique du fameux rapport établi en 2006 pour le gouvernement britannique. C'est ce rapport qui a contribué, avec les rapports du GIEC, à relancer les négociations internationales à la Conférence de Bali en décembre 2007.

R. Crassous, *Modéliser le long terme dans un monde de second rang : application aux politiques climatiques,* Paris, thèse de doctorat d'économie, Institut des sciences et industries du vivant et de l'environnement (AgroParisTech), 21 novembre 2008.
http://pastel.paristech.org/4809/01/Th%C3%A8se_de_doctorat_Renaud_Crassous.pdf
Un exemple d'intelligence dans l'usage de la modélisation économique pour éclairer les scénarios et les choix de politiques climatiques.

M. Torre-Schaub (dir.), Les Cahiers Droit, Sciences et Technologies, « Droit et climat», (2), mars 2009, CNRS-Éditions, pp. 43-55.
Une relative rareté : un ouvrage centré sur les aspects juridiques d'un régime international du climat, mais s'ouvrant aussi bien à la physique qu'à l'économie.

Centre d'analyse stratégique, « La valeur tutélaire du carbone » – Rapport de la Commission présidée par A. Quinet. Paris, la Documentation française, (rapport 16-2009), avril 2009, 423 p.
Important recueil d'analyses et de modélisations aboutissant aux préconisations de valeurs pour la tonne de CO_2 à introduire entre 2010 et 2050 pour atteindre l'objectif du facteur 4 en France. La conférence Rocard sur la taxe carbone (juillet 2009), s'était largement appuyée sur les recommandations de ce rapport Quinet.

Revue *Regards croisés sur l'économie*, « Les économistes peuvent-ils sauver la planète ? », (6), octobre 2009.
Un riche ensemble de réflexions économiques sur les divers aspects du problème climatique.

Revue *Liaison Énergie Francophonie*, « Adaptation au changement climatique », (85), 2009, IEPF.
Moins les efforts de prévention du risque climatique sont importants, plus les sociétés devront envisager de s'adapter tant bien que mal à la nouvelle donne. C'est ce qu'explore ce numéro qui fait appel à une palette variée de spécialistes de différents pays.

Centre d'analyse stratégique, « Copenhague ou la nouvelle donne climatique internationale ? », Note de veille – n°162, janvier 2010.
http://www.strategie.gouv.fr/article.php3?id_article=1100
Le Centre d'analyse stratégique est l'héritier du Commissariat général du Plan. Cette note éclaire les enjeux diplomatiques et géopolitiques des négociations sur le climat dans le contexte de la Conférence de Copenhague.

M. Petit, *Réponses aux arguments de ceux qui doutent de la réalité d'un changement climatique anthropique*, mars 2010.
http://www.clubdesargonautes.org/climat/cc/chap16.php
Un argumentaire clair, précis et concis donnant l'essentiel des réponses des climatologues à ceux qui « doutent, de bonne ou de mauvaise foi ».

O. Godard, « L'organisation internationale de la lutte contre l'effet de serre – Une revue critique des thèses du rapport de Jean Tirole », *L'Économie politique,* (46), avril 2010, pp. 82-106.
Cet article explique pourquoi la vision de la coordination internationale reposant sur l'assignation d'objectifs quantifiés à tous les pays et sur un marché mondial du carbone dont émergerait un prix unique, vision encore soutenue par Jean Tirole dans un rapport demandé par le Premier ministre, n'est ni vraissemblable ni souhaitable du point de vue de l'efficacité économique, en raison des travers de la fiscalité existante, de l'écart entre taux de change et parités de pouvoir d'achat et surtout du caractère particulier du bien collectif planétaire qu'est le climat : on a affaire à une production décentralisée d'un bien collectif.

O. Godard, « De l'imposture au sophisme, la science du climat vue par Claude Allègre, François Ewald et quelques autres », Revue *Esprit,* mai 2010, pp. 26-43.
Cet article propose une déconstruction du mode d'argumentation climato-sceptique consistant à tisser pseudo critiques scientifiques et défense de thèses idéologiques sur les politiques à conduire. Il s'interroge également sur la manière dont certains médias ont relayé les thèses climato-sceptiques, suivis par d'éminents intellectuels français de différents bords mais peu au fait du sujet. Il dénonce la fausse symétrie du faux et du vrai à laquelle se livre l'orchestration médiatique et la complaisance de ces intellectuels superficiellement justifiée par un combat libéral ou un combat contre « la pensée unique ».

Centre d'analyse stratégique, « La France doit-elle réduire ses émissions de gaz à effet de serre de 30 % d'ici à 2020 ? », La note de veille n°175, mai 2010.
http://www.strategie.gouv.fr/IMG/pdf/NoteVeille175.pdf
Cette note s'interroge sur la faisabilité et l'intérêt pour la France de soutenir un durcissement des objectifs de réduction des émissions à l'horizon 2020 – passer de - 20 % à - 30 % – au moment où la Commission de Bruxelles propose un tel durcissement pour accélérer le développement d'une économie verte et la création d'emplois « verts » ; à noter que les gouvernements allemand et français, rejoignant ceux de la Pologne, de l'Italie et de quelques autres pays ont fait connaître leur opposition à ce changement d'objectifs.

Revue *Responsabilités & Environnement* – Une série des Annales des Mines, « Après Copenhague », juillet 2010.
Ce numéro est tout entier consacré à la compréhension de l'après-Copenhague.

Les pistes de lecture de Sylvestre Huet

Bernard Seguin, *Coup de chaud sur l'agriculture,* Delachaux et Niestlé, coll. « Changer d'ère », 2010.
Un ouvrage sur les relations entre climat et agriculture, aujourd'hui et demain. Écrit par un agronome qui suit cette problématique pour l'Institut national de la recherche agronomique (INRA) depuis plus de vingt ans. Pas trop long et écrit simplement, il permet aux citadins que nous sommes pour la plupart de se frotter à cet aspect du changement climatique en cours. Avec une vision raisonnable, loin des exagérations de toutes sortes, montrant en particulier qu'il y aura des gagnants et des perdants dans cette évolution si nous parvenons à la maîtriser. En revanche, si l'on pousse le climat vers un + 6 °C, cela devient ingérable.

Caroline de Malet, *Climats en débats, pour en finir avec les idées reçues,* Éditions lignes de repères, 2008.
Un petit livre écrit par une journaliste du *Figaro* qui a suivi durant plusieurs années les sciences du climat pour ce quotidien qui n'a rien d'une feuille de chou écologiste. L'auteur reprend nombre des débats publics ayant eu lieu sur le sujet et montre que les journalistes spécialisés, quel que soit le journal pour lequel ils travaillent, ne peuvent être dupes des mensonges à répétitions de climato-sceptiques autoproclamés comme Claude Allègre dès lors qu'ils peuvent les confronter à une connaissance directe de la production de savoirs scientifiques spécialisés.

Pierre Papon, *L'énergie à l'heure des choix,* Belin-Pour la Science, coll. « Regards », 2007.
Ce livre a déjà trois ans, mais l'équation énergétique mondiale n'a que peu changé. Or, sans une idée relativement précise de cette équation, il est totalement impossible de réfléchir à la problématique du climat. On se heurte très vite aux « yaka » sans aucun réalisme, comme tous ces rêveurs qui croient pouvoir alimenter Paris, Pékin, New York et autres monstres urbains en électricité avec des technologies diffuses et intermittentes comme les éoliennes ou le photovoltaïque.

Les pistes de lecture d'Hervé Le Treut

Le rapport du GIEC, parfois décrié, constitue une synthèse extrêmement riche qui mérite qu'on en prenne connaissance :
S. Solomon, D. Qin, M. Manning, Z. Chen, M. Marquis, K.B. Averyt, M. Tignor and H.L. Miller (eds.), *Contribution of Working Group I to the Fourth Assessment Report of the Intergovernmental Panel on Climate Change,* Cambridge University Press, Cambridge, United Kingdom and New York, NY, USA, 2007, 996 p.

J'ai co-coordonné dans ce quatrième rapport du GIEC un chapitre sur l'histoire de notre discipline :
H. Le Treut, R. Somerville, U. Cubasch, Y. Ding, C. Mauritzen, A. Mokssit, T. Peterson, and M. Prather, « Historical Overview of Climate Change » in : *Climate Change 2007 : The Physical Science Basis. Contribution of Working Group I to the Fourth Assessment Report of the Intergovernmental Panel on Climate Change,* 2007

L'histoire est une manière de prendre conscience du travail très long qui a construit notre discipline. L'article qui suit, montre comment cette histoire peut se construire autour de mythes largement inventés :
T. C. Peterson, W. M. Connolley, and J. Fleck, « The Myth of the 1970s Global Cooling Scientific Consensus », *Bulletin of the American Meteorological Society,* 89, 9, 1325-1337, 2008.

Mais je ne peux m'empêcher de recommander aussi les ouvrages suivants :

E. Le Roy Ladurie, *Histoire humaine et comparée du climat,* Éd. Fayard, t. 1 Canicules et glaciers XIIIe-XVIIIe siècles, 2004 ; t. 2, Disettes et révolutions, 2006 ; t. 3, Le réchauffement de 1860 à nos jours (avec le concours de Guillaume Séchet), 2009.

E. Nesme-Ribes et G. Thuillier, *Histoire solaire et climatique,* Belin-Pour la Science, 2000.

J.-L. Dufresne, « Jean-Baptiste Joseph Fourier et la découverte de l'effet de serre », *La Météorologie,* n°53, pp. 42-46, mai 2006.

E. Bard, « Effet de serre et glaciations, une perspective historique (Greenhouse effect and ice ages : historical perspective) », *C. R. Geosci.*, 336, pp. 603-638, 2004.

P. De Félice, *L'histoire de la climatologie*, L'Harmattan, 2007.

J. Imbrie and K. P. Imbrie, *Ice ages, solving the mystery*, Harvard University Press, 1979.

Enfin, pour le plaisir pris à travailler avec mes co-auteurs :

H. Le Treut et Jean-Marc Jancovici, *L'effet de serre*, Flammarion, 2009.

G. Jacques et H. Le Treut, *Le changement climatique*, Éditions de l'Unesco (avec traductions anglaises, espagnoles et catalanes), 2004.

D.Hauglustaine, J. Jouzel, H. Le Treut, *Climat, chronique d'un bouleversement annoncé*, éditions Le Pommier-Presses de la Cité, 2004.

« Le réchauffement climatique : de la recherche à l'engagement », numéro d'*Écologie Politique* coordonné par Lionel Charles et Hervé Le Treut, éditions Syllepse, 2006.

J.-L. Fellous et C. Gautier, *Comprendre le changement climatique*, Odile Jacob, 2007.

Création graphique, maquette intérieure et couverture : Jean-Luc Chamroux
Relecture éditoriale : Marianne Zuzula et Raphaël Tomas

Achevé d'imprimer en juillet 2010
sur les presses de l'imprimerie EMD (France)
Numéro d'impression : 23466
Dépôt légal : juillet 2010